学術選書 010

# GADV仮説——生命起源を問い直す

池原健二

KYOTO UNIVERSITY PRESS

京都大学学術出版会

# まえがき

「生命はどのようにして誕生し、どのような経過をたどって現在の多様な生物社会がこの地球上に生み出されたのか」、人類は長い間、古くはアリストテレスの時代から、思考をめぐらしてきた。有名なところでは、太古の地球大気を想定した混合気体——水蒸気、メタン、アンモニアなど——の中で、雷になぞらえた放電実験を行い、アミノ酸や、遺伝子の構成成分である核酸塩基が出来ることを確かめた「ミラーの実験」（一九五三年）がある。また、地球深部のマントルからもたらされる熱で海底から熱水が噴出し、硫化水素やメタン、鉄やマンガンなどの金属硫化物が大量に海に供給されている海底の熱水噴出口で、低分子化合物からタンパク質や核酸の合成が進んだという仮説も、「ミラーの実験」と同様の発想だ。一方、細胞の起源については、これまた有名なオパーリンのコアセルベート説や細胞内共生説が提案され、さらに、生命とは何かという問いに迫る研究として、自己増殖能と遺伝情報の起源を求める考察が進められた。

ジェームズ・ワトソンとフランシス・クリックがＤＮＡの二重ラセン構造を発見して以来、ＤＮＡが生命の設計図であり、ＤＮＡ→ＲＮＡ→タンパク質という流れ（いわゆる「セントラルドグマ」1-3節参照）があらゆる生命について成り立つとの考えが主流となってきた。こうした流れの中で、あらわれた生命の起源に関する考え方が、ＲＮＡの自己複製能に根拠を置いた「ＲＮＡワールド仮説」である。二〇年余り前に提唱された、このいわば「主流」の考え方に対して異論を唱えようと言うのが、本書の意図なのである。

私たち（私と私の研究室の学生たち）は、必ずしも、最初から生命の起源を研究しようと思っていたわけではなかった。今から十数年前、遺伝子[基本知識1]がどのようにして生み出されているのかという素朴な疑問をきっかけに、遺伝子上の遺伝暗号の塩基位置毎の塩基組成がなぜ特異なパターンとなっているのか、といった遺伝子の基本的な構造を知るための研究を開始したのがその出発点である。私たちの取り組みは、次に、遺伝暗号の起源に関する考察へと進み、続いて、タンパク質の平均的なアミノ酸組成がどうして、ある種独特なパターンとなっているのかといった、タンパク質の起源に関する疑問を解決するための研究へと進んでいった。

その過程で、平成一〇年の五月頃だろうか、生命はグリシン、アラニン、アスパラギン酸そしてバリンの四種のアミノ酸からなるタンパク質、すなわち、本音のキーワードとなる「［ＧＡＤＶ］[基本用語1]-タンパク質」の擬似複製から生まれたのでは、との思いがひらめいた。偶然のことでもあったが、このような

**基本用語1．[GADV]：** [GADV]は[GADV]−タンパク質として生命の誕生に導いたと考えられるグリシン[G]，アラニン[A]，アスパラギン酸[D]そしてバリン[V]の4種のアミノ酸を一文字記号でまとめて書き表したものである．[　]で囲ったのは，核酸塩基のグアニン(G)やアデニン(A)と混同しないように，アミノ酸であることを示すためである．したがって，[GADV]−アミノ酸はグリシン，アラニン，アスパラギン酸そしてバリンの4種のアミノ酸をまとめて表したもので，[GADV]−タンパク質は4種の[GADV]−アミノ酸で構成されるタンパク質を意味している[基本知識2]．

経過を経て私たちは今では生命の起源に関する「[ＧＡＤＶ]−タンパク質ワールド仮説」を提唱している。

　こうしてたどりついた私たちの仮説、生命の起源に関する「[ＧＡＤＶ]−タンパク質ワールド仮説」は、幸い、徐々ではあるが、着実に研究者の間に知られるようになった。もちろん、現時点でまだ世の中に定着しているわけではなく、また、今後どのように日本や世界に広まっていくのかについても分からない。しかし、遺伝子やタンパク質のデータベースの解析、そして、私たちの仮説にもとづいた遺伝子やタンパク質のシミュレーションの結果などを通じて、私たちの考えには基本的に間違いがないと確信するに至った。

　しかも、いったん、この「[ＧＡＤＶ]−タンパク質ワールド仮説」の立場に立ってみると、これまで言われている「ＲＮＡワールド仮説」には、解決することが極めて困難な問題点がいくつも存在することに気がついた。これらの点については本書の中で具体的に議論するが、生命の起源に関する二つの考え方を念頭に置きながら本書を読んでいただければ、私たちの考えに対する理解も深まると思われるし、興味を持って読み進めてもらえるのではと思っている。

「主流」に異論を挟もうというのだから、当然、議論は緻密にせねばならない。したがってどうしても内容は専門的になり、生物学や化学の教育を受けていない読者の方々には難解な点も少なくないと思う。そこで、少しでも理解に役立つように、私たちが独自の考えを説明するために作った造語については「基本用語」として、一般的な参考書等にも記載されている事項については「基本知識」として、さらに、少し専門的で難しい内容を含んでいるけれども知っておいてほしい事項については「解説」として本書の中に記載することとした。これらがどこに書かれているのかを左に示しておく。これらのコラムを必要に応じて参照しながら、本書を読んでもらえればと考えている。

それでは、生命の起源に関する話を始めることにしよう。

平成一八年三月、奈良にて。

池原　健二

**基本知識 1. 遺伝子**：遺伝子という言葉は，元来，遺伝をつかさどっている要素（因子）として命名された．しかし，今では研究が進み，遺伝子は一つのタンパク質（厳密には，ポリペプチド鎖）のアミノ酸配列（または，ごく一部ではあるが，直接ある特定の働きを持つ RNA）を暗号化した DNA（または，RNA）の領域と定義されている．

**ゲノム**：それぞれの生物種が生きていく上で必要な遺伝子全体の情報を含んだもの．

**基本知識 2. [GADV]- アミノ酸の構造とタンパク質**　私たちが主張する生命の起源に関する「[GADV]- タンパク質ワールド仮説」で出てくる 4 種の [GADV]- アミノ酸の構造（下図 A）．タンパク質は多数のアミノ酸がペプチド結合（–CO–NH–）でつながった生体高分子（ポリペプチド）の一種である（下図 B）．なお，初期の [GADV] –タンパク質は数個から数十個の [GADV] –ペプチドが会合することによって形成されていた可能性が高い．

(A) [GADV]–アミノ酸の構造

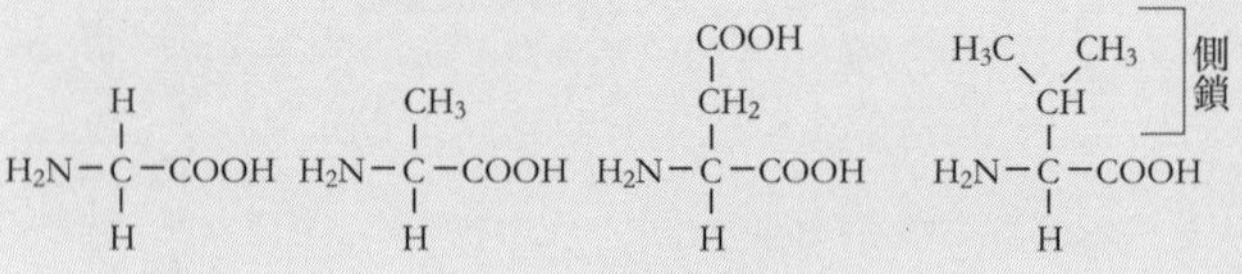

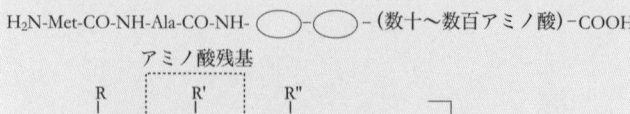

グリシン [G]；　アラニン [A]；アスパラギン酸 [D]；バリン [V]

(B) タンパク質（ポリペプチド）

$H_2N$-Met-CO-NH-Ala-CO-NH-◯-◯–（数十～数百アミノ酸）–COOH

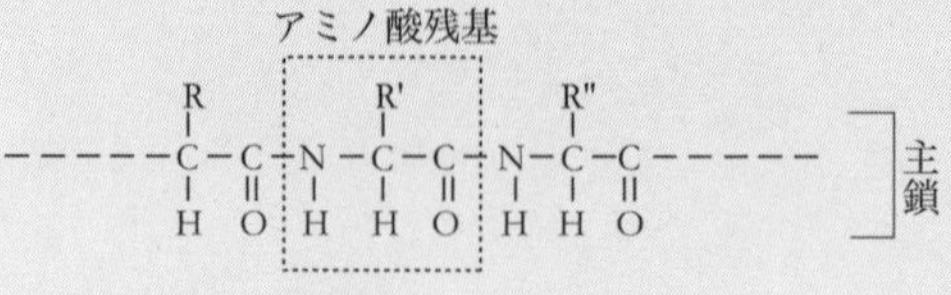


R，R'，R"，…：側鎖

ペプチド鎖を構成するアミノ酸の単位一つ一つを「アミノ酸残基」という．

GADV仮説　生命起源を問い直す◉目　次

# ＧＡＤＶ仮説　生命起源を問い直す

# 序論

暗闇に雷鳴が轟き、稲光が走る。右に、左に隕石が大気中を赤く燃えながら走り、激しく地表に衝突する。遠くでは火山が絶え間なく溶岩を噴き上げ、海岸の近くでは火山から流れ出たマグマが海水と接触するたびに水蒸気爆発を起こす。海底ではマグマが絶えず熱水を吹き上げる。空を見上げると二酸化炭素の含有率が極めて高い数十気圧もの大気が一面をおおっていた。海水の温度は百数十度にも達し、そこには硫化水素や硫黄、バリウムなど、多くの無機化合物が含まれ、酸性を帯びていたと考えられている。

四六億年ほど以前に地球が生まれ、時の経過と共にその温度を徐々に低下させていたとはいえ、四〇億年以上前の地球は、まだこのような激しい物理現象におおわれていたと考えられている。当然のことながら生物の息吹は全く聞こえない。小さな山や高い山を目にすることはあっても、そこは草木一本も生えることのない岩と砂だけの世界であった。大気は二酸化炭素（$CO_2$）が主成分でその他にはせいぜい水蒸気（$H_2O$）や窒素（$N_2$）などの低分子化合物[基本知識3]しか存在しなかっただろう。したがって当時の海や川、池などの水中には簡単な有機化合物すらほとんど含まれていなかった。

もちろん、このような中では、現在の地球上に棲むほとんど全ての生物は、短時間でさえ到底生きることができない。しかし、奇妙な感じに思われるかもしれないが、こうした厳しい原始地球の状況の中でこそ、実は生命の誕生に向けたドラマが始まったのである。

生命にとって必要な有機化合物は、低分子の化合物間の反応によって作り出される。しかし、そうした現象は、現在の地球上に見られるような穏やかな環境下ではほとんど起こりえない。なぜなら、簡単な無機化合物からより構造の複雑な有機化合物を生成するには、一般に大きなエネルギーが必要だからである。今の生物がタンパク質や核酸を合成できるのは、タンパク質でできた酵素（生体触媒）を持っているからで、その酵素が存在しないような条件下では、大きなエネルギーを発し続ける激しい物理的・化学的条件が必要なのである。

それとは対照的に、酵素が安定に機能するには一般に穏やかな条件を必要とする。そのため、酵素を獲得した現在の生物は四〇億年以上も前の地球では生存することすら不可能なのである。

地震や噴火、嵐など、人間にとっては時には激しく厳しい自然現象が今でも起こるとはいえ、現在の地球は大気圧は約一気圧、平均気温は約一五度という穏やかさである。心を和ませる木々の緑、色とりどりの花々がそよ風に揺れ、鳥がさえずり、虫の鳴き声が聞こえる。空気中を飛び回る蝶やトンボ、池の中には水草が茂り、青ミドロなどの微生物が繁殖し、水生昆虫や魚が泳ぎ、水面には鴨やアヒ

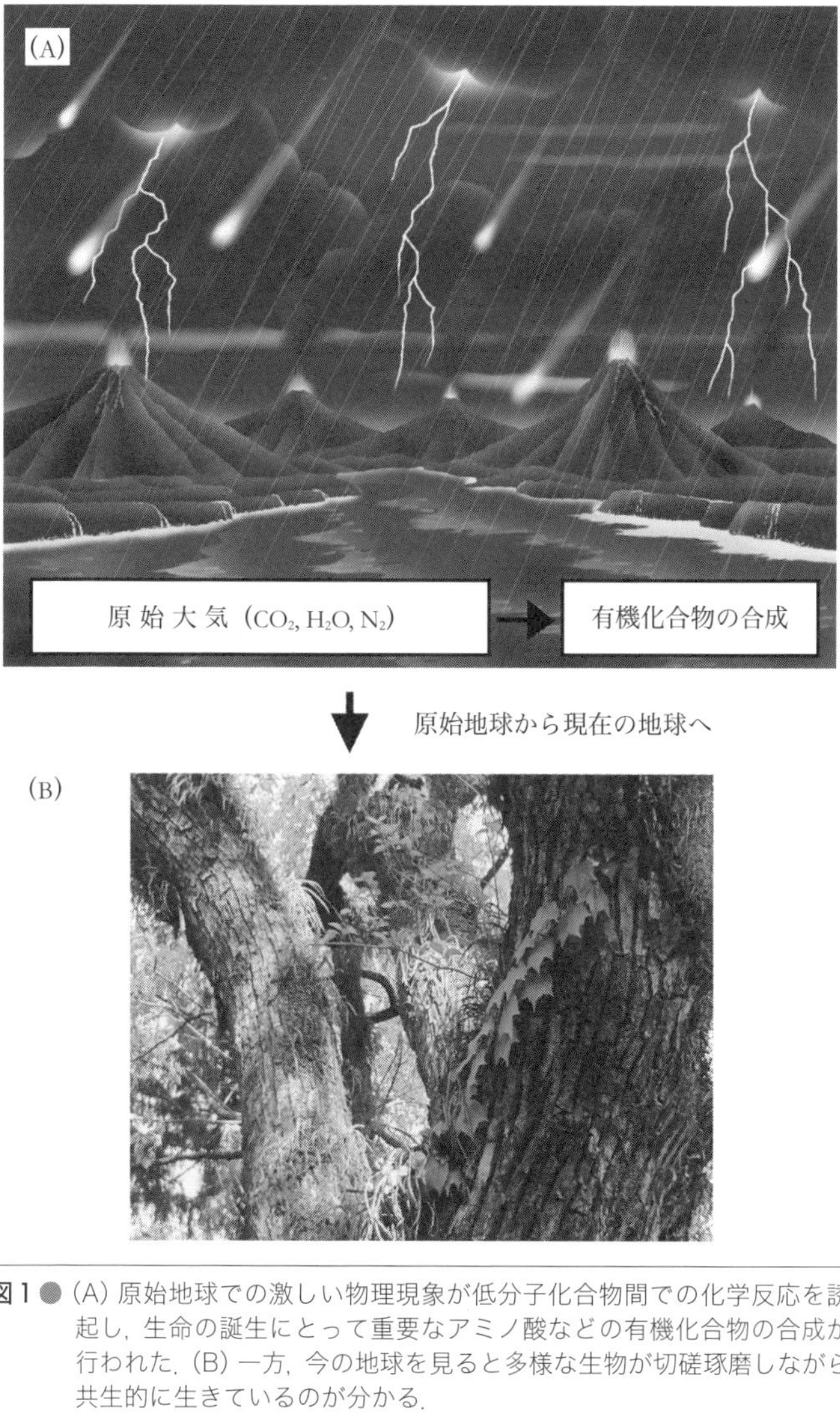


**図1**● (A) 原始地球での激しい物理現象が低分子化合物間での化学反応を誘起し，生命の誕生にとって重要なアミノ酸などの有機化合物の合成が行われた．(B) 一方，今の地球を見ると多様な生物が切磋琢磨しながら共生的に生きているのが分かる．

ルなどの水鳥が泳ぐ。海に目を向ければ、潮溜まりの海水中にはイソギンチャクやヒトデ、ウニや蟹などの小動物が生きている。少し深い海水中に目を移せば、大小様々な魚たちが岩の間や海草の中を泳ぎまわる。このように今の地球上には素晴らしい形や色、生き方の異なる多様な生き物が棲息し、息づいている。それぞれが一番生きやすい空間を探し出しながら棲み分けることによって、いくらかは競い合うとしても、生物間での共生と化学物質の循環に裏打ちされた安定な生物たちの営みがそこにはある。

そして、この多様な生命の世界の基礎には、生物の内部でのミクロな営みがある。それぞれの生物種が固有に持つゲノム[基本知識1]から、必要に応じて必要な種類のタンパク質を必要なだけ合成できているからである。そのゲノムの遺伝情報は、細菌一つをとっても数百万塩基対（より正確には、ヌクレオチド対[基本知識4]）であり、人にいたっては数十億塩基対からなるとてつもなく長いＤＮＡの上に塩基配列として書き込まれている（図2）。個々のタンパク質の働きも極めて見事ではあるが、このゲノムの持つ遺伝情報を実際に保持し、運搬しているＤＮＡの働きもこれまた想像を絶するほどの見事さである。

激しい物理的・化学的現象に満ち溢れていた原始地球上で生命がどのようにして誕生したのか、それが進化し、現在の穏やかな地球に見られる多様な生物の集う状況がどのようにして作り上げられたのか、今日でもまだよく分かってはいない。特に、生命が生まれた頃そのものについては残念ながら、ほとんど分かっていない。

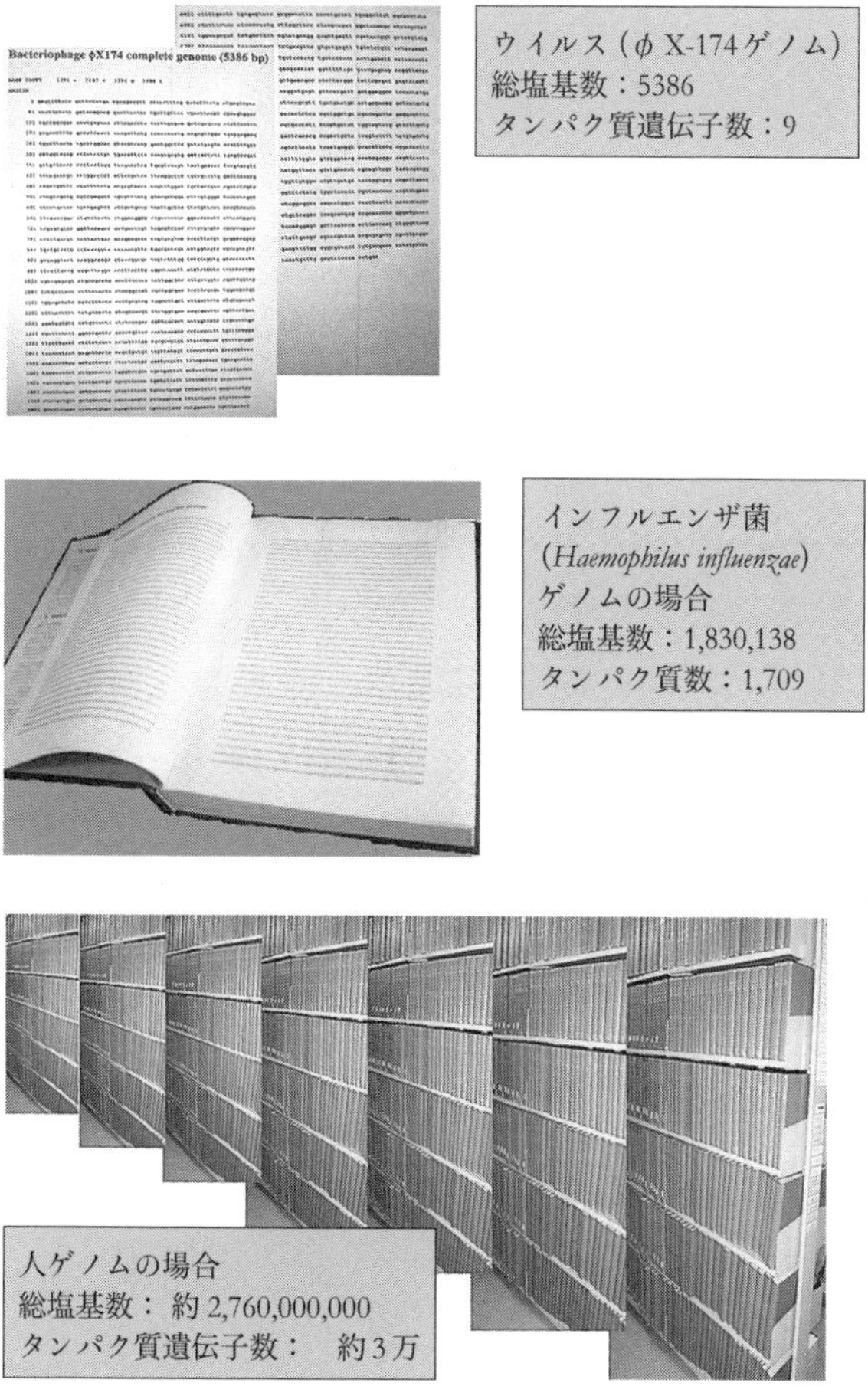


**図2**●ゲノムに書き込まれた遺伝情報をA4の紙1ページにぎっしりと3000字に書いたとすると，小さなウイルスで約2ページ，平均的な細菌では600ページほどの1冊の大きな本，人に至っては1000ページの本が900冊ほどにも達するのである．

もしも、現在の地球上に棲息する多様な生命の共通祖先が原始地球で化学進化の結果として生まれたのなら、この生き物達がどのような経過を経て、今日、見られるような姿に至ったのか、その道筋を知りたいと思うのも、（長い生物進化の結果として）知恵を獲得することができた人間なら持つ自然の感情だろう。確かに、人類は長年にわたってこのような生命の起源に関心を持ち、研究を進めてきた。生命を生み出すきっかけとなったはずの原始地球上の大気組成についても考えてきたし、生命がどのようにして生まれたのかに関する様々な考えを提案したりもした。

そのひとつに、「代謝前成説（Metabolism-early Theory）」[1]がある。生命が生まれる前にはまず代謝が先に起こり、それが生命を生み出すきっかけとなったはずだと主張する仮説である。対して、複製システムの出現が先だと主張する「複製前成説（Replication-early Theory）」[2]がある（3‐5節）。また、生命はこの地球上で起こった化学反応による進化の結果として、より単純な化合物からより複雑な化合物の形成がゆっくりと起こった中で生まれたのだとする「化学進化説」に対して、生命は彗星や小惑星にのって宇宙から運ばれてきたのだと主張する「生命の宇宙起源説」[解説1][3]まで様々である。

もちろん、このように議論百出なのはまだまだ生命の起源についての理解が進んでいないからであり、そのこと自体、遠い昔に地球上で起きたことを考える、困難ではあるが知性を刺激するホットな研究テーマの一つであることを示している。

その中の有力な説の一つであり、現時点では多くの人の支持を得ているのが、ＲＮＡの自己複製に

### 解説 1.　生命の宇宙起源説

生命の起源を宇宙に求めるのが「生命の宇宙起源説」である．その代表的なものが，宇宙には至るところに胞子のような生命体が存在し，これが地球に到達し，地球という環境下で進化し，現在に至っているという考え方だ（これをパンスペルミア説（汎宇宙胞子説）という）．私はこのような「生命の宇宙起源説」について批判的である．なぜなら，もしも，生命を生み出す準備が全くできていない原始地球に宇宙からの生命の祖先がやってきたとしても，生き続ける基盤が無いためその生命体が原始地球に根づくことは不可能だからである．いや，そうではなく，宇宙から生命の祖先がやって来た時には原始地球上にその生命の生存を支える準備（生きていくために必要な糖やアミノ酸，核酸などの原始地球上での蓄積）が十分に整っており，その生命を養ったのだと考えてみよう．しかし，そのような状況が原始地球上に生まれていたのだとすれば，宇宙に生命の起源を求める必要もない．この地球上で生命が誕生した可能性が大きいからである．その上，地球は紛れもなく宇宙の一部である．それにもかかわらず，宇宙で生命が生まれ地球にやってきたのだとすれば，少なくとも「生命が地球で生まれることができなかった」理由を示す必要があるだろう．このような点から考えると，生命の宇宙起源説は生命の起源を考えることを放棄した考えのように思えてならない．

基礎を置いた「RNAワールド仮説」である[4,5]。それに対して私たちは「[GADV]-タンパク質の擬似複製に根拠を置いた「[GADV]-タンパク質ワールド仮説」を主張する（3-2節[6,7]）。

この両者の考えを必要に応じて対比しながら本書を書き進める。その際、話が複雑化するのを避けるため、「[GADV]-タンパク質ワールド仮説」を生み出すきっかけとなったコンピューターによる解析結果やシミュレーションの結果などについてはほとん

**基本知識 3. 低分子化合物と高分子化合物**

低分子化合物はアミノ酸やヌクレオチドなど比較的分子量の小さな（使用されている原子数の少ない）化合物のことを指し，高分子化合物とは，タンパク質（ポリペプチド）や核酸（ポリヌクレオチド）などの多数の低分子化合物が（多くの場合、同じ結合で）繰り返し連結された分子量の大きな化合物のことである（下の例を参照）．低分子化合物や高分子化合物には，中心となる元素の種類に応じて，有機性の化合物（炭素（C））の他に無機性の化合物（ケイ素（Si）やリン（P）など）も存在する．

| 低分子化合物<br>（単量体） | 高分子化合物<br>（重合体） |
|---|---|
| エチレン： $CH_2=CH_2$ | ポリエチレン $-(CH_2-CH_2)_n-$ |
| グルコース | デンプン（多糖） |
| アミノ酸 | タンパク質（ポリペプチド） |
| ヌクレオチド | DNA や RNA |

ど省略した。それゆえ、なぜ、私たちが「［GADV］-タンパク質ワールド仮説」を唱えているのか、そして、最初の遺伝暗号をGNC原初遺伝暗号[基本用語2]としているのかなど、専門的にはいくつもの疑問を持つ方も多いだろう。それらの点に興味を持たれる方々は、私たちがこれまで発表してきた原著論文などを見ていただきたい。[6-10]本書では話の流れに重点を置き、生命の誕生に至る道筋を中心に書くこととする。

また、本書の要約の一つとするため、第8章では「［GADV］-タンパク質ワールド仮説」に基づけば、生命の基本システムに属する遺伝子や遺伝暗号、タンパク質、代謝に関する特徴をかなり上手く説明できることを、第9章では二つの起源仮説の主

**基本知識 4. ヌクレオチドの構造とポリヌクレオチド**　(A) ヌクレオチドとは核酸塩基 (A, U (T), G, C のいずれか) が糖 (RNA ではリボース；DNA ではデオキシリボース　濃いグレーの丸) およびリン酸 (薄いグレーの丸) と結合したもの. (B) ポリヌクレオチドはヌクレオチドが数千から数十億単位結合した生体高分子の一種である (図 2, 基本知識 3).

(A) 4種のリボヌクレオチド (ヌクレオシド5'-一リン酸 (NMP))

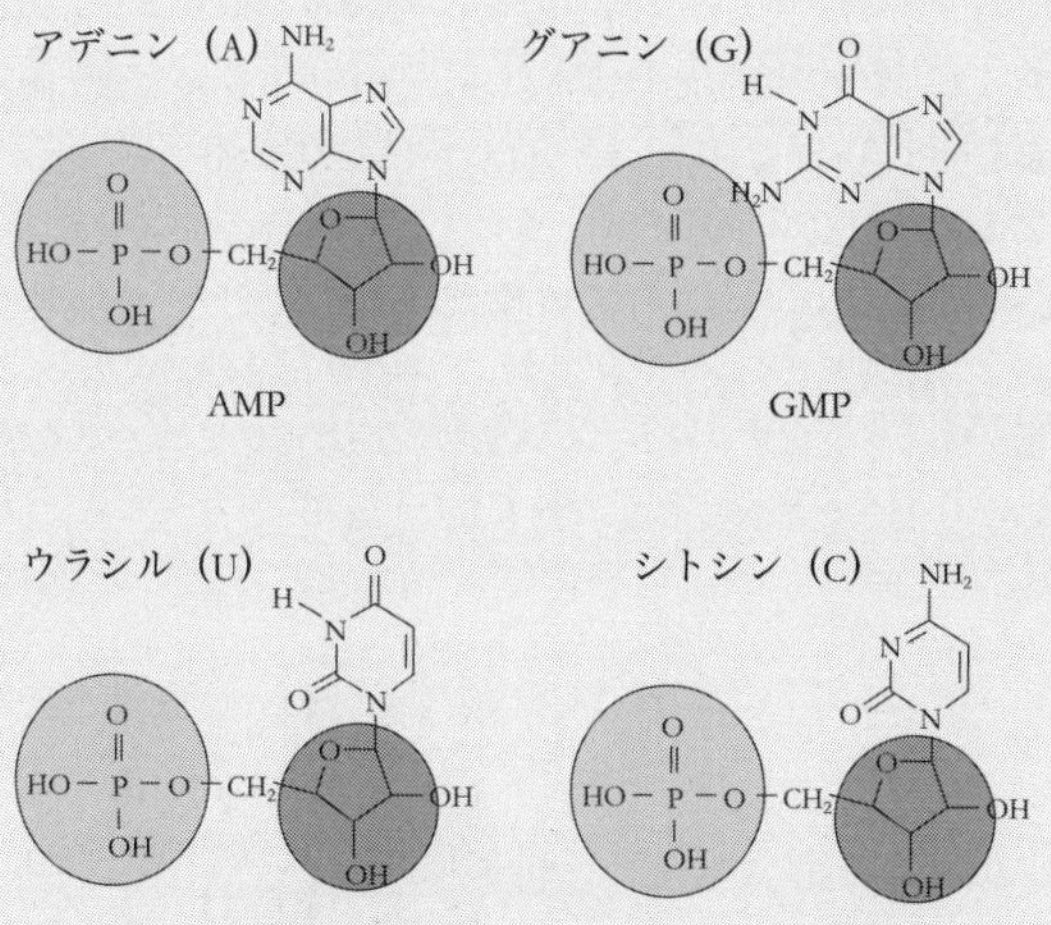


(B) ポリヌクレオチド鎖の模式図 (白丸は糖, 網丸はリン酸を示す)

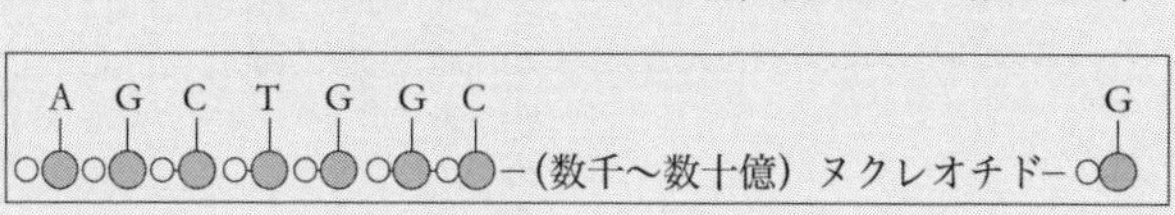

**基本用語2. GNC, SNS：** GNCのGとCはグアニンとシトシンを，Nはグアニン，シトシン，アデニン，チミンの4種の塩基のいずれかを，SNSのSはグアニンまたはシトシンを表している．したがって，GNC原初遺伝暗号はGUC, GCC, GAC, GGCの4つの遺伝暗号を合わせて表したものであり，SNS原始遺伝暗号はGまたはCで始まり，GまたはCで終わる合計16種の遺伝暗号を表したものである．また，$(GNC)_n$は，4つのGNC原初遺伝暗号を並べることによって生み出された原初遺伝子を，$(SNS)_n$は16種のSNS原始遺伝暗号を並べることによって生み出された原始遺伝子を意味している．なお，本書では，「原初」は最も早く使われた時期のもの，「原始」は原初よりも遅い時期ではあるが，今から見るとはるかに遠い昔に使用された遺伝暗号や遺伝子を意味する．また，GNC-AAはGNC原初遺伝暗号がコードする4種のアミノ酸（[GADV]-アミノ酸：グリシン，アラニン，アスパラギン酸，バリン）を，SNS-AAは16種のSNS遺伝暗号がコードする10種のアミノ酸（グリシン，アラニン，アスパラギン酸，バリン，グルタミン酸，ロイシン，プロリン，ヒスチジン，グルタミン，アルギニン）をそれぞれまとめて表したものである．

な違いを書いた上で、生命の起源に関する三つの原則を示すこととした。これらについても参考にしてもらえればと思っている。

それでは、「生命の起源」という、これまで人類が長い間考え続け、頭を悩ませてきた難問について、私たちの考えに基づいた「謎解き」を始めることとしよう。

# 第1章　生命活動の源——タンパク質と遺伝子

ＲＮＡを遺伝子として持つ特殊なウイルスを除いて、我々人類を含む地球上に棲むすべての生物は二重鎖ＤＮＡを遺伝子の化学的な本体としている。ＤＮＡの塩基配列として書き込まれた遺伝情報に基づいてタンパク質が合成されるので、一般には生命にとって最も重要なのは遺伝子（核酸：ＤＮＡ）であるとの考え方が根強い。確かに、現在の生命にとって遺伝子は極めて重要である。しかし、生命の起源を考える際、この点にあまりにとらわれると、一種の予断を生むのではないだろうか。そこで、本書ではまず、タンパク質の働きから解説を始めることとする。実は私は、生命が誕生する過程では、タンパク質の方が遺伝子よりもはるかに重要な働きを演じたに違いない、と考えている。これが私たちの「［ＧＡＤＶ］-タンパク質ワールド仮説」の立脚点でもある。

# 1-1 タンパク質の働き

私たち人間を含む生き物の体は間違いなく化学物質でできており、化学反応のお陰で生きている。私たちの体中を埋め尽くしている細胞の中では、タンパク質で作られた酵素と呼ばれる生体触媒が化学反応を円滑に進めている。人でも大腸菌でも、その中に含まれる化学成分を調べると、タンパク質は水に次いで多く含まれている。タンパク質の重要性は、このことを見ても明らかである（表1A、B）。

もちろん、生き物にとって、タンパク質は化学反応を触媒するなどの機能を持ってこそタンパク質なのであり、仮に遺伝情報にしたがってアミノ酸を繋いだとしても、何の機能も持たないポリペプチド（多数のアミノ酸が結合した化合物）鎖を単に合成したのでは無意味である。言い換えれば、生命にとっては遺伝子よりも、それが合成するタンパク質が、そして、タンパク質そのものよりもタンパク質の機能、たとえば、〈代謝〉（本章1-2節）などの方が、より基本的で本質的なのだ。

そこで、まず、現在の生物が使用しているタンパク質の構造や性質について考えてみることにしよう。

タンパク質は多くの場合約一〇〇個から四〇〇個のアミノ酸がペプチド結合でつながったものであ

**表 1A.** 人に含まれる化学物質のおよその成分比（単位：%）

| | | | |
|---|---|---|---|
| 水 | 62 | 無機化合物 | 4.5 |
| タンパク質 | 17 | 糖質・核酸・その他 | 1.5 |
| 脂質類 | 15 | | |

**表 1B.** 大腸菌に含まれる化学物質のおよその成分比（単位：%）

| | | | |
|---|---|---|---|
| 水 | 70 | 糖質 | 3 |
| タンパク質 | 15 | 脂質類 | 2 |
| 核酸　DNA | 1 | 低分子有機化合物 | 1 |
| 核酸　RNA | 6 | 無機イオン | 1 |

る。しかし、一〇〇〇個を越えるアミノ酸がつながったタンパク質もそれほど珍しいものではない。中には二〜三〇〇〇個のアミノ酸がつながってできたタンパク質も知られている。このように、タンパク質は多数のアミノ酸が連なってできた生体高分子[基本知識3]の一種である。

3−4節で詳しく述べるが、私たちはタンパク質の構造形成を考えるとき、一次構造（アミノ酸の並び方）の前に、タンパク質を効果的に生み出すための特別なアミノ酸の組成（タンパク質の0次構造）があると考えている。[8] しかし、実際の細胞内では、タンパク質のアミノ酸配列は塩基配列からなる一次元的な遺伝情報にしたがって決められている。平たく言うと、ひとえにDNAの遺伝情報に従って、二〇種のアミノ酸がペプチド結合を通じてつなぎ合わせられている。そのため、タンパク質の構造形成を考える際には、そのタンパク質を構成するアミノ酸の配列（一次構造）から考え始めるのが一般的である。やや専門的になるが、高校の生物の授業を思い出すつもりでおさらいしてみよう。

たとえば、α-ヘリックス（一本鎖の右巻きラセン構造のこと）を形成する傾向の強いアミノ酸が比較的連続しているところではα-ヘリックスを、また、複数のペプチド鎖が横に並びながら形成される襞折れ構造（β-シート構造という）を作ろうとする傾向の強いアミノ酸が比較的連続したところではβ-シート構造をというように、アミノ酸の配列によって、それぞれの二次構造の形成が行われる（この点については、図23（97ページ）、31（135ページ）、32（151ページ）を参照のこと）。

こうして場所ごとに形成されたα-ヘリックスやβ-シート構造、あるいは、折れ曲がり部分を構成するコイル構造（β-ターン構造ともいう）などの二次構造（図3A）は、集合しながら、水と接触するのを嫌う疎水性アミノ酸の多いところは内側に、水と接触することを好む親水性アミノ酸の多い部分はタンパク質表面に出るように、ポリペプチド鎖全体が折りたたまれる。こうして球状のタンパク質の内側には、疎水性アミノ酸残基[基本知識2]が比較的集中して存在することとなり、親水性アミノ酸残基がタンパク質表面に位置する確率が大きくなる。その結果、水溶液中、すなわち細胞質内で、タンパク質は全体として球状の安定な三次構造を形成する（図3B）。多くのタンパク質はこのようにして水溶性の安定な球状タンパク質を形成するのだが、それらは必要に応じて会合し、二個のサブユニットが会合した二量体タンパク質や四個のサブユニットが会合した四量体タンパク質となるなど、複数のタンパク質単位が集合してできた多量体タンパク質[基本知識5]を形成する。

**基本知識 5.**

## タンパク質の高次構造

タンパク質の折りたたみレベルを表す言葉の中で，アミノ酸の配列を示したものを一次構造と呼び，一次構造が $\alpha$-ヘリックスや $\beta$-シート，$\beta$-ターン（コイル構造）など，特有の構造に折りたたまれたものを二次構造と呼ぶ．また，二次構造を形成した各要素がさらに集合して全体的には球状となったものを三次構造という．三次構造を形成したタンパク質単位が二つ集まった二量体タンパク質，三つ集まった三量体タンパク質などを四次構造という．一般には三次構造以上を高次構造ともいう．

## サブユニット構造とドメイン構造

(A) 複数のポリペプチド鎖が集まって出きたタンパク質の個々のポリペプチド鎖（N端からC端まで）をサブユニットという．この時，サブユニットを構成するポリペプチド鎖が同種の場合もあれば，異なる種類のポリペプチド鎖が集まって形成される場合もある．(B) また，数百アミノ酸からなる一本のポリペプチド鎖が折りたたまれる際に，独立の構造単位として折りたたまれることも多い．この折りたたみ単位をドメインという．

(A) サブユニット構造　　(B) ドメイン構造

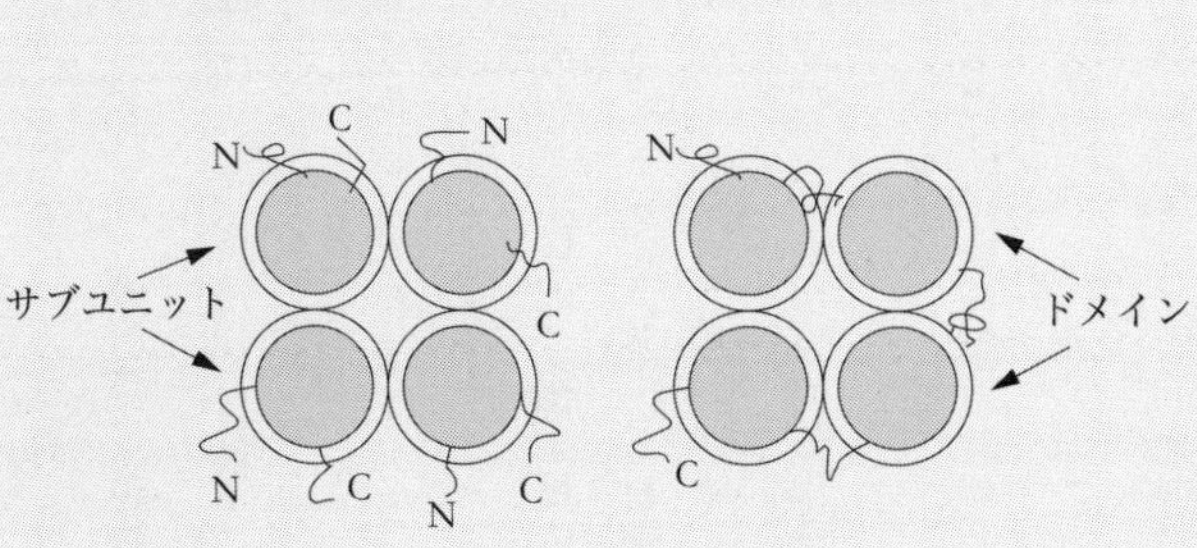

さて、こうして作り上げられたタンパク質の構造は、十分に安定（変化しにくいということ）であり、かつ、剛直で動きが取れないほどの大きな安定性を持っているわけでもない。たとえば、基質と結合する際、そして、金属イオンや有機分子などの活性調節因子と結合する際などには、構造変化が誘発される（図３C）。このようなことを頭の中に思い浮かべると、タンパク質はアミノ酸が重合してできた機械のようなもの、言い換えると高分子性の分子機械であることがイメージできよう。

タンパク質はその機能によって、表２で示されているように、化学反応を触媒する酵素のほか、化学物質を運搬するための輸送タンパク質、構造を形成するための構造タンパク質、細菌やウイルスから身を守るための防御タンパク質などに分類されている。中でも重要なものが、生体内で化学反応を触媒する酵素タンパク質である。酵素はそれぞれ特定の基質を認識して反応する（図３B）。これを一般に生物学では、「基質に対する特異性が極めて高い」と表現するのだが、そのお陰で、様々な有機化合物が存在し、多様な化学反応が行われている細胞の中にあっても、それぞれの酵素が目的の化学反応を目的の量だけ進行させることが可能となっているのである。

タンパク質が生体内でそれぞれの役割を見事に演じているので、私たち生物は何事も無いかのように生きていける。近年、多くの生物ゲノム[基本知識1]の全塩基配列の決定が進められた。こうして得られたゲノムのデータを解析することによって、タンパク質を合成するための遺伝子そのものについてはかなり良く分かってきた。そのため、ゲノム解析に続いて近年は生物種の持つ全タンパク質の構造やタンパ

表2. タンパク質の機能による分類

| 機能による分類 | 機　　能 | 種　　類 |
|---|---|---|
| 酵素タンパク質 | 生体内での化学反応の触媒 | ペプシン，アミラーゼ<br>DNA ポリメラーゼ等 |
| 輸送タンパク質 | 化学物質の輸送 | アルブミン，ヘモグロビン等 |
| 貯蔵タンパク質 | 化学物質の貯蔵 | リポタンパク質，フェリチン等 |
| 構造タンパク質 | 細胞や体の構造の維持・形成 | コラーゲン，ケラチン等 |
| 運動タンパク質 | 細胞や体の運動 | アクチン，ミオシン，<br>フラジェリン等 |
| その他 | | ホルモン，ヒストン，抗体，<br>各種制御タンパク質等 |

ク質相互の関係の解析に研究の流れが移りつつある。しかし、遺伝子の遺伝暗号の三つの位置ごとの塩基組成は、どのようにして決められているのか。また、3-2節、8-3節で述べるように生物種が持つ遺伝子のGC含量が変化するとタンパク質全体の平均アミノ酸含量もそれに応じて変化するが、その平均アミノ酸含量がどのようにして決まっているのかなど、基本的な事柄についてすら実は、よく分かっていない。これが遺伝子やタンパク質研究の現状でもある。

私たちの研究室では、細菌ゲノムが記述しているタンパク質のデータを詳細に解析した。その結果から、遺伝子のGC含量が変化し、それに伴って使用されるアミノ酸の種類が変化しても、多くのタンパク質は平均してほぼ一定の疎水性/親水性度を持っていること、また、同様に多くのタンパク質は、ほぼ一定程度の二次構造（α-ヘリックスやβ-シート構造、β-ターン構造）を形成する傾向を持ってい

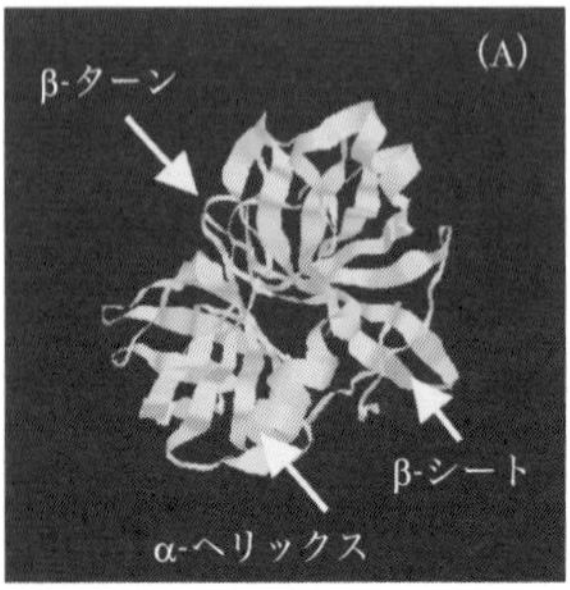


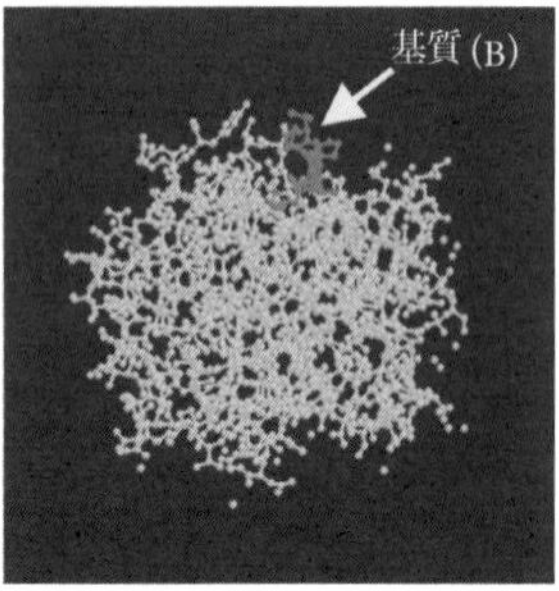


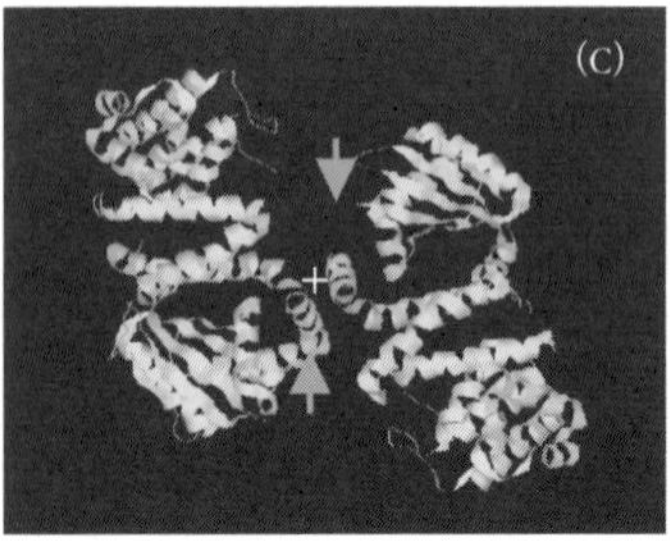


(C) 内の+印は，およその2回回転対称軸の位置を示している．

RCSBタンパク質データバンクより

**図 3** ●タンパク質の二次構造と三次構造：(A) 例として，キモトリプシン内の二次構造をリボン状に表したモデル（リボンモデル）で示した．多くの酵素はラセンを描いている α-ヘリックス，襞折れ構造である β-シート，それらを繋ぐ β-ターン（コイル）などの二次構造の集合体となっている．(B) キモトリプシンの三次構造を骨格モデル（分子とその結合を球と棒で示す方法）で示した．三次構造は多くの場合，全体として球状構造をとり，酵素の場合にはその表面に基質（濃いグレーの色で示した）を特異的に結合させ，化学反応を触媒する部位（活性中心または活性部位）がある．(C) タンパク質（例：$Rel_{seq}$）は特定の化合物の結合などにより，その構造を左側の構造から右側の構造に，その化合物が解離すると右から左へと分子機械のように巧妙に変化させる（矢印部分の変化が大きい）．

ることが分かっている。[9] したがって、酵素タンパク質が高い機能を発揮するためには、分子内に適度な疎水性／親水性度（親水性と疎水性の割合）が必要なこと、また、それぞれの二次構造を適度に形成しようとする能力あるいは傾向が必要なことが分かる。ということは、この性質を、どのようなアミノ酸組成を持つタンパク質なら高い確率で水溶性であり、かつ、球状のタンパク質になれるのかを判断する際の条件に利用することができる。実際にこの性質を利用して解析した結果については、2-3節で解説することとして、もう少しタンパク質と生物学の基礎について、おさらいしてみよう。

## 1-2 代謝

現在の地球上の生物が生きる上で最も重要なのは、生体内で行われている代謝と呼ばれる様々な化学反応と、その化学反応系を維持するための遺伝子とタンパク質の働きである。このような生体内での化学反応系全体を書き表したものを代謝経路図という。

代謝は、体内に取り入れた化学物質を分解することによって化学エネルギー（実際には、ヌクレオチドの一種であるアデノシン5'-三リン酸（ATP）が主に使用される）と化学材料（様々な中間代謝物）を獲得する〈異化過程〉、および、異化過程で得られた化学エネルギーと化学材料を使用することによって自らが生きていくために必要な化学物質を合成する〈同化過程〉の二つに大きく分類することができる。現在までに明らかにされている代謝経路は、生物種によってその数は大きく異なるものの、数千あるいは数万種にも及ぶ化学物質を変換する。そのための化学反応の数も、それらの反応を触媒する酵素も、ほぼ同じ数だけある。

図4には酸素の無い条件下(嫌気的という)で起こる糖の分解過程を示した。これは代謝系全体から見るとごく一部を構成しているに過ぎない。このごく一部しか構成しない嫌気的解糖経路だけをとっても、生化学の専門家以外の人にとっては十分に複雑なものに写るだろう。これを見ても生体内の個々の化学反応にはそれぞれ一つの酵素が対応していることが分かるだろう。このように現在の生物が行っている代謝は極めて複雑で、その一つ一つの反応を駆動しているのが個々の酵素である。しかし、これほど複雑な代謝経路がどのようにして形成され現在に至っているのかについては、ほとんど分かっていない。

しかし遺伝子や遺伝暗号、タンパク質などの進化を考える過程で、私たちは代謝経路の起源と進化についてもおぼろげながら見えてきた気がしている。これらのことについては、5-5節や5-6節、6-6節、7-5節で述べよう。

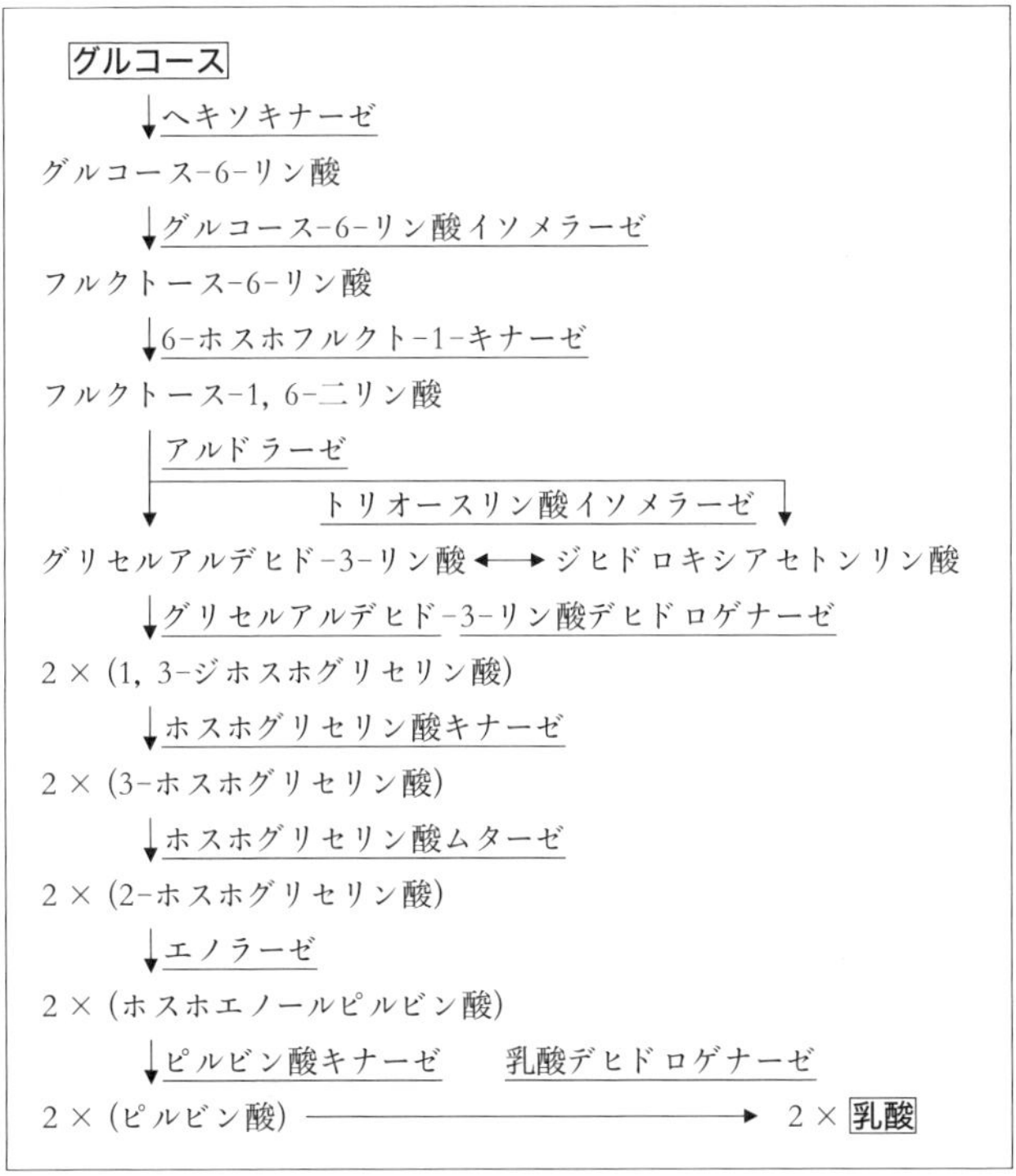


**図4**●嫌気的条件下での解糖：嫌気的解糖でグルコース1分子は2分子の乳酸にまで変換される. 2×はグルコース1分子からそれぞれ2分子の化合物が生成されることを示している. また, 矢印は経路での反応の方向を示し, 下線は酵素名であることを示している.

# 1-3 遺伝子とその働き

DNAの二重ラセン構造の発見以来、遺伝子に関する研究は急速に進み、様々な形質が親から子へと見事なまでに伝えられる遺伝現象の仕組みについては、今ではかなり良く分かっている。そのような遺伝現象の一端を、遺伝情報の流れとして書き表したのが図5である。

DNA上の塩基配列として書かれた遺伝情報を複製することによって保存する一方で、必要に応じてDNA上の遺伝情報はmRNAへと転写され、遺伝暗号にしたがって翻訳され、タンパク質が合成される。「セントラルドグマ」と呼ばれる過程だが、このように、遺伝情報を保持し伝播する役割を持ったDNAは、当然のことながら、遺伝子としての機能を発揮する上で極めて見事な構造と性質を持っている。そこで本節では、DNAの構造とその働きに関して簡単に説明することとしよう。

（1）DNAの二本の鎖は、グアニンとシトシンからなるGC対、そして、アデニンとチミンのAT対と呼ばれる二種の塩基対[基本知識6]によって結び合っている。このGC対とAT対が鎖（幹となる構造）を形作る糖（デオキシリボースと呼ばれる）と結合する位置は、塩基対の種類や向きによってほとんどずれることがない。そのため、DNAはひずみの少ない、流れるような見事な二重ラセン構造をとることができる（図6）。

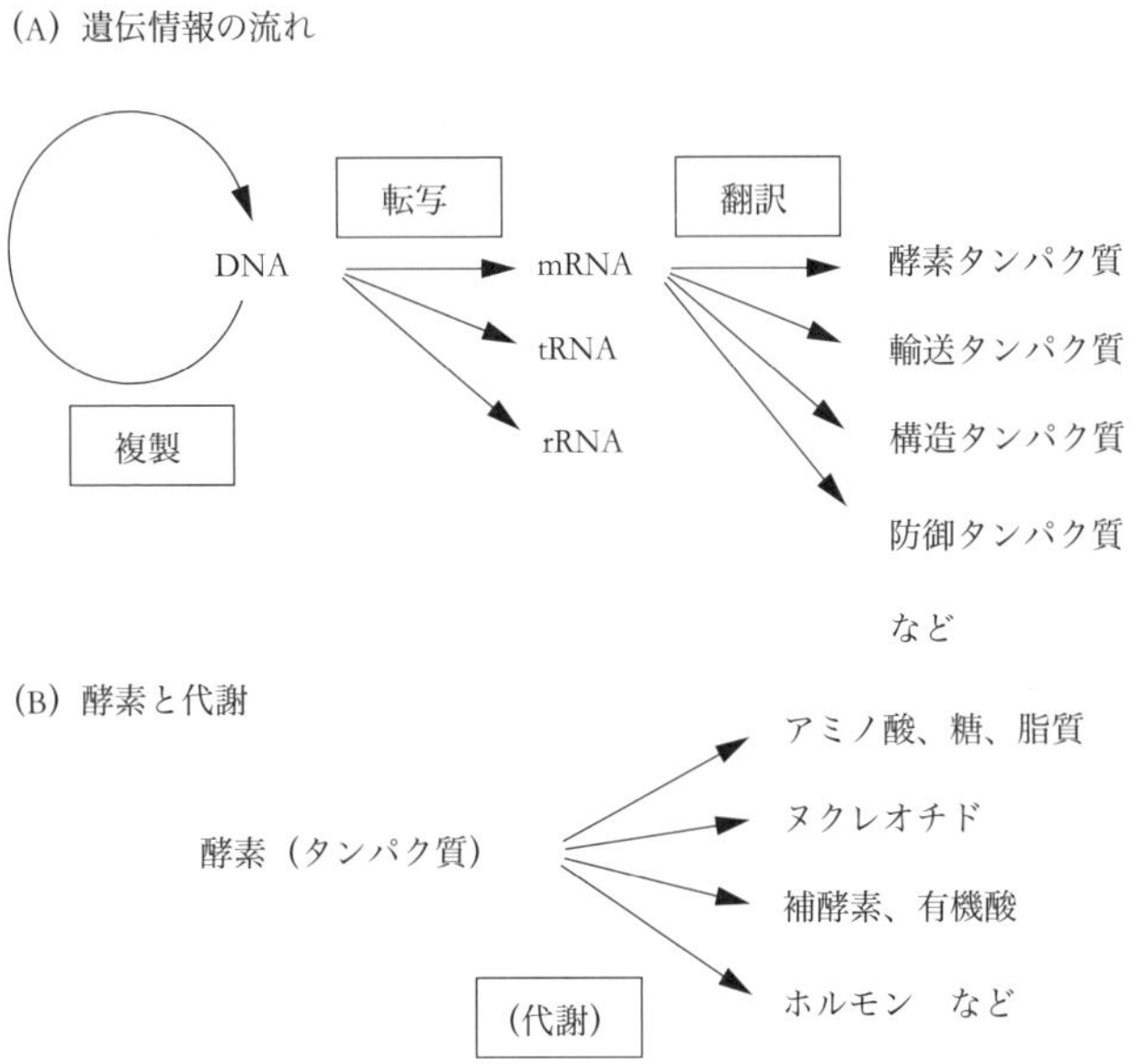


**図 5** ●遺伝情報の流れ：(A) DNA の塩基配列として書き込まれた遺伝情報は，複製という過程を通じて保存され，子孫に伝播される．また，遺伝情報は転写によって RNA の配列に変換され，続いて翻訳過程を通じてタンパク質のアミノ酸配列へと変換される．(B) 遺伝情報の指示によって合成されたタンパク質の多くは酵素として代謝に関与し，必要に応じて右側に示した様々な化学物質を合成し，分解する．

mRNA はメッセンジャー RNA (messenger RNA) のことで，リボソーム上でタンパク質合成を行うために DNA の塩基配列（遺伝情報）を伝える RNA のこと．／ rRNA はリボソーム RNA (ribosomal RNA) のことで，リボソームの構成成分であり，タンパク合成に関与する RNA のこと．／ tRNA は転移 RNA (transfer RNA) のことで，リボソーム上で mRNA の塩基配列をタンパク質内のアミノ酸配列に変換するのを仲介する RNA のこと．

**基本知識6. AT塩基対(左)およびGC塩基対(右)**

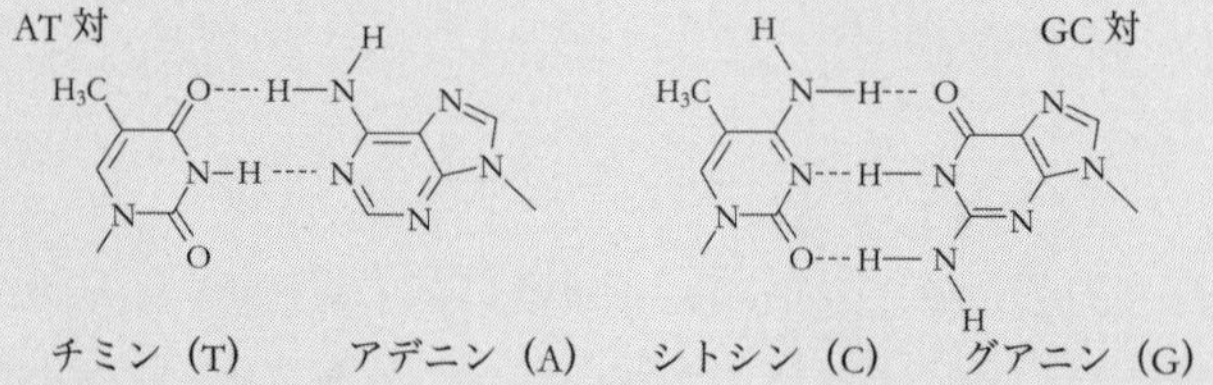


(2)二重鎖DNAの主鎖の方向は互いに逆向きとなっており、これをDNAの逆平行構造と呼んでいる(図6B)。この構造が両方のDNA鎖に遺伝情報を持たせることを可能にしている。実際、ウイルスをはじめ、細菌や人を含むほとんどの生物で、遺伝子によっては一方の鎖のDNAの塩基配列を使用し、別の遺伝子では他方のDNAの塩基配列を使用するというように、遺伝子が大幅に重なることはほとんどないが両方の鎖の塩基配列を遺伝情報として使用している。

(3)DNAの主鎖は糖(デオキシリボース)とリン酸の繰り返し構造となっている(図6B[基本知識4])。そのこともあって、あるDNA鎖を他のDNA鎖の中に組み込むこと、すなわち、必要に応じて遺伝情報量を増やすことが可能である。五〇年以上前は、DNAの塩基配列は基本的には不変であると考えられていた。しかし、今では当時には想像できなかったくらいの高い頻度で、DNAが移動したりつけ加えられたり、削除されることが分かっている。遺伝子やタンパク質の配列データを調べて見ても、遺伝情報量を増やす仕組みが古くから地球上の生命に備わっていたことは確かである。

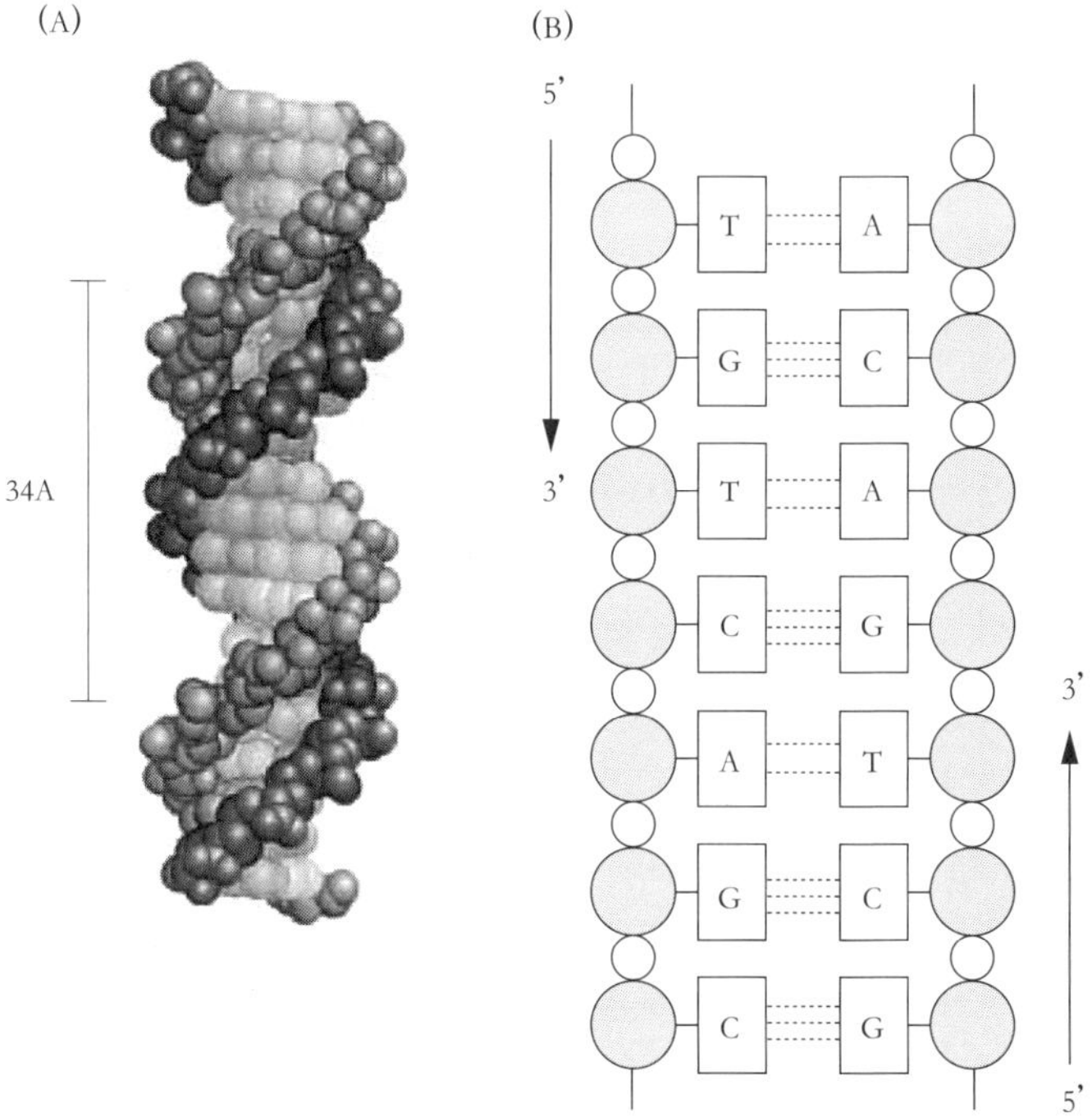


J. M. Berg, J. L. Tymoczko, L. Stryer
"Biochemistry, 5th ed." W. H. Freeman & Co. (2001) より

**図6** ● DNAの二重ラセン構造：(A) DNAは互いに逆向きの方向性を持った二本の鎖が右巻きのラセンを描く構造となっている。二本の鎖を繋いでいるのはATまたはGCの塩基対である。なお、塩基の化学構造については基本知識6を参照のこと。(B) DNA構造の模式図：矢印はDNA鎖の方向性を、大きな丸は糖（デオキシリボース）を、小さな丸はリン酸を示している。基本知識4も参照のこと。

（4）二本のＤＮＡ鎖は水素結合によって結ばれている。このＧＣ対とＡＴ対の結合力は十分に安定であるが、その安定性はＲＮＡポリメラーゼなどのタンパク質の作用を受けて引き離すことができる程度の限定的なものとなっている。ＤＮＡの適度な安定性のお陰で、タンパク質（酵素）がＤＮＡの二重鎖を開きながら行うＤＮＡの複製やＤＮＡの情報をｍＲＮＡの塩基配列として転写することが可能となっている。

（5）ＤＮＡで見られる塩基対の形成は、ＧとＣ、ＡとＴとの間での特異的な認識（塩基対形成[基本知識6]）によっているが、この特異的な塩基対形成のお陰でＤＮＡ鎖の複製が可能となり、同じ遺伝情報を親から子へと伝播することが可能となっている。そして、これが遺伝情報の発現時には、ＤＮＡからｍＲＮＡへ塩基配列が伝達されることを可能としている。ただ、複製の前後で塩基配列が全く変わらないというほど複製が完全に正確に行われるというわけではない。小さな確率で塩基置換が起こること、ある範囲の塩基配列が付加されたり脱落したり、ＤＮＡ鎖上を移動したりすることも事実である。このような複製時に見られる塩基配列の変化も、進化の原動力の一つとなっている。

ＤＮＡは今の地球上に生きている生物の中で遺伝子としての機能を見事に発揮しており、生物が生き続けることを可能にするいくつもの優れた性質を持っている。しかし、このＤＮＡも、細胞から取り出し、試験管の中に入れた状態なら、エタノールを使って沈殿させたり、酵素や化学薬品を使って加水分解したり、つなぎ合わせたりすることができる。つまり、紛れもない単なる有機化合物、すなわち、生体高分子の一種でしかない。

## 1-4 遺伝暗号

図7に示すように、遺伝暗号は個々のアミノ酸と遺伝子上の三塩基で構成される塩基配列(トリプレット：翻訳開始の暗号であるAUGなどから三塩基ずつ読み取った塩基配列のこと)との対応関係を示したものである。図7の遺伝暗号表を見ても分かるように、遺伝暗号は三つの翻訳停止の暗号(UAA、UAG、UGA)を含めて六四通り存在する(四種の塩基が三つ並んだときの組み合わせで遺伝暗号の総数が決まるので、4×4×4＝64となる)。それに対して、アミノ酸の数は二〇種であるため、多くの場合、一つのアミノ酸に複数の遺伝暗号(これを、コドンと呼ぶ)が存在する。これを「縮重[解説2]している」という。

遺伝暗号はDNA上の遺伝情報をタンパク質のアミノ酸配列へと仲介するためのものにすぎないと思われているためか、遺伝子やタンパク質に比べて軽視されがちである。しかし、4-2節や5-1節の中で詳しく解説するけれど、遺伝暗号の成立こそが遺伝子の形成を導いたのであり、遺伝暗号がタンパク質を合成する際のアミノ酸組成の枠組み(タンパク質の0次構造(3-4節))を決めている。そのような点を考慮すると、遺伝暗号は遺伝子やタンパク質に勝るとも劣らない生命の基本システムを

**解説 2. 遺伝暗号の縮重：** 一つのアミノ酸に複数の遺伝暗号が対応していることをいい，たとえば，ロイシンはUUA, UUG, CUU, CUC, CUA, CUGの，セリンはUCU, UCC, UCA, UCG, AGU, AGCの，また，アルギニンではCGU, CGC, CGA, CGG, AGA, AGGの六つのコドンが使用されている．それ以外には，一つのアミノ酸が四つのコドンに対応している場合（プロリン，トレオニン，バリン，アラニン，グリシン）や三つに（イソロイシン），そして，二つに対応している場合（フェニルアラニン，チロシン，システイン，ヒスチジン，グルタミン，アスパラギン，リジン，アスパラギン酸，グルタミン酸）などがある．また，一つのアミノ酸が一つのコドンに対応している例にはメチオニンのAUGとトリプトファンのUGGがある（図7）．

構成する重要な一員である。

現在の地球上に棲息する細菌から植物、動物に至るまで、ほとんどすべての生物が図7に示した遺伝暗号を使用している。そのため、この遺伝暗号を普遍遺伝暗号と呼ぶことが多い。それに対して、近年の研究から、ミトコンドリアなどの細胞小器官、原生動物や細菌の仲間などにはこの普遍遺伝暗号とはいくらか異なる暗号を使っているもののあることが分かってきた。そのため、この普遍遺伝暗号のことを、必ずしも普遍ではないという意味も込めて、標準遺伝暗号と呼ぶこともある。

しかし、一部で異なった暗号を使っているものがあるとはいえ、遺伝暗号全体の構成は極めてよく似ている。しかも、ほとんどの生物で同じ普遍遺伝暗号を使用していることも確かである。このような遺伝暗号の共通性あるいは普遍性が、地球上の生物種すべてが単一の同じ共通祖先となった生命体から生み出された子孫であることを示す根拠

第二塩基 →

第一塩基 ↓

第三塩基 ↓

| | U | C | A | G | |
|---|---|---|---|---|---|
| U | Phe | Ser | Tyr | Cys | U |
| | Phe | Ser | Tyr | Cys | C |
| | Leu | Ser | 停止 | 停止 | A |
| | Leu | Ser | 停止 | Trp | G |
| C | Leu | Pro | His | Arg | U |
| | Leu | Pro | His | Arg | C |
| | Leu | Pro | Gln | Arg | A |
| | Leu | Pro | Gln | Arg | G |
| A | Ile | Thr | Asn | Ser | U |
| | Ile | Thr | Asn | Ser | C |
| | Ile | Thr | Lys | Arg | A |
| | Met (開始) | Thr | Lys | Arg | G |
| G | Val | Ala | Asp | Gly | U |
| | Val | Ala | Asp | Gly | C |
| | Val | Ala | Glu | Gly | A |
| | Val | Ala | Glu | Gly | G |

**図 7** ●普遍遺伝暗号表：遺伝暗号は三塩基の並び（トリプレット）で構成されているが，この表では左端列にコドンの第一塩基，上端行に第二塩基，右端列に第三塩基が記載されている．これを見て分かるように，停止の暗号は，UAA，UAG，UGA の三つである．また，翻訳開始の暗号は通常，AUG（Met）が使用されるが GUG（Val）や UUG（Leu），CUG（Leu）などの暗号が使用されることもある．

の一つとなっている。

この遺伝暗号の起源については、ＡとＵの組み合わせからなる遺伝暗号から生まれたという考えや、ミトコンドリア内で使用されている遺伝暗号から生まれたという考え方など、いくつかの説がある。それに対して私たちは、３－２節や、４－２節、６－３節で詳しく述べるように、遺伝暗号は四種のアミノ酸と四種のコドンから構成されるＧＮＣ原初遺伝暗号から始まり、一六種のコドンが一〇種のアミノ酸をコードするＳＮＳ原始遺伝暗号を経て、現在の六四種のコドンが二〇種のアミノ酸をコードする普遍遺伝暗号に至ったという「ＧＮＣ－ＳＮＳ原始遺伝暗号仮説[基本用語2(9)]」を主張している。本書では、この仮説に基づいて、遺伝暗号の起源を考えることにする。

また、普遍遺伝暗号には、遺伝暗号がトリプレットで構成されていることや元素の周期表のように縦に比較的よく似た性質のアミノ酸が配置されていることなど、いくつかの特徴が見られる。しかし、そのような特徴がなぜ見られるかについてはよく分かっていない。一方、８－２節で簡単に説明するように、私たちの「ＧＮＣ－ＳＮＳ原始遺伝暗号仮説」を基礎に考察を進めると、遺伝暗号に見られるそれらの特徴がなぜ生じたのかについても、ある程度の推測が可能である。このことも私たちがＧＮＣ－ＳＮＳ原始遺伝暗号仮説を正しいと考える一つの根拠になっている。

# 1-5 遺伝子の発現

1―3節で記載したように、DNAは遺伝子として機能するための見事な性質を持っている。その重要な要素の一つは、塩基対（基本知識6）を形成していることである。その塩基対の関係を守りながら、DNAポリメラーゼという酵素（タンパク質）が化学反応の一種である重合反応を実行することで複製が可能となっている。また、遺伝情報はDNAの塩基配列として書かれているが、それはDNAの複製によって倍加し、次世代に伝播される。伝播された遺伝情報が必要に応じて発現することによって、体の形や皮膚、目や髪の毛の色などが決められる。そのため、親から基本的には同じ遺伝情報を受け取った子ども達は基本的には親と同じ生き物となり、同じような性質を持った個体となる。

それでは遺伝情報はどのようにして発現するのだろうか。遺伝情報が発現する際の最初の段階は転写と呼ばれ、DNA上の塩基配列をRNAポリメラーゼという酵素がmRNAの塩基配列として写し取る過程である（図8）。転写によってmRNAに写し取られた遺伝情報にしたがい、主としてtRNAの働きでアミノ酸が選び出されつなぎ合わされる。この過程は、リボソームという複雑な数種のRNAと数十種のタンパク質からなる複合体の上で行われる。この過程を翻訳と呼んでいる（図8）。

こうして、それぞれの遺伝子に一つ一つ対応するタンパク質が合成され、それらは、化学反応を触媒するタンパク質や体の組織を形成するタンパク質、化学物質を運搬するタンパク質など、それぞれが決められた役割を演じている（表2　17ページ）。大腸菌でも四〇〇〇を越える種類のタンパク質の遺伝子が存在し、これらが栄養環境の変化や細胞分裂時期など様々な状況の変化に応じて、どの遺伝子をどの程度に発現するか、調節が行われている。

もちろん、体とそれを構成する細胞の中には、DNAやタンパク質のほかに、それらの構成成分であるヌクレオチドやアミノ酸、糖や脂質、ホルモンや補酵素など何千～何万種もの有機化合物が存在し、それぞれが生きていく上での重要な役割を負っている。

しかし、遺伝子の情報に基づいて直接合成されるのは、rRNAやtRNAなどそれ自体が機能を持つRNAを除いては、タンパク質しかない。したがって、RNAやタンパク質を除く糖や脂質など、細胞の活動に必要な様々な有機化合物は、細胞膜内に存在するタンパク質（透過タンパク質）の働きによって細胞内に取り込まれるか、酵素タンパク質の働きで必要なものを必要なだけ合成することによって保持されている（図5　23ページ）。したがって、結局のところは細胞内に存在するすべての有機化合物はタンパク質の働きによって保持されていること、そして間接的にではあるが遺伝子の支配下にあると考えることができる。

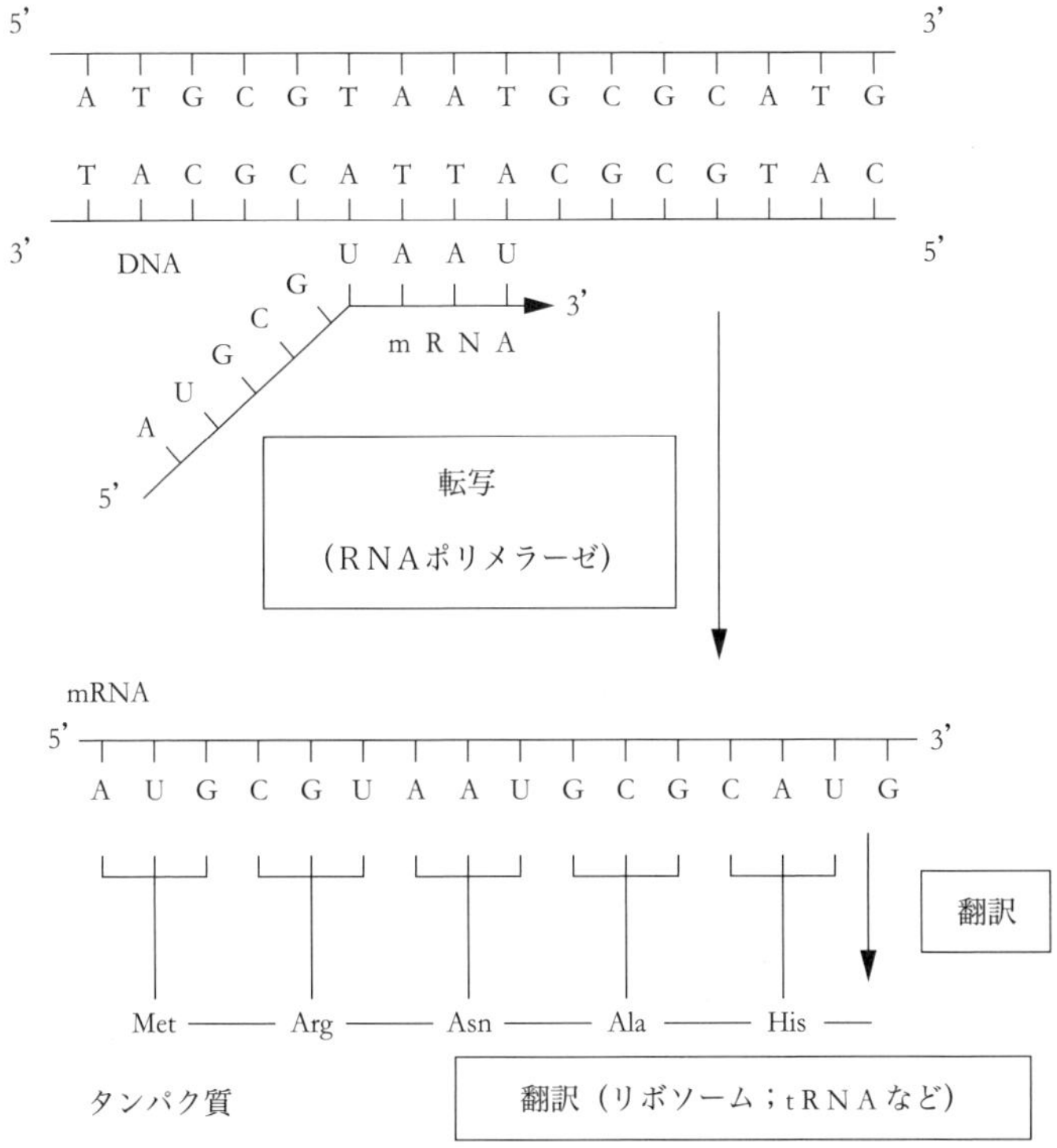


**図8**●転写と翻訳：転写はRNAポリメラーゼによって，二重鎖DNAの情報がmRNAへと伝播される段階で，翻訳はmRNAに転写された情報をリボソームやtRNAの働きによって，タンパク質のアミノ酸配列へと伝播する過程である．

## 1-6
# 遺伝現象と生物の生と死

現在の地球上のすべての生物は、ＤＮＡの塩基配列とその指令の下に合成されるタンパク質を基礎として生きている。それにもかかわらず、植物や動物、細菌やカビなどのように、生物種ごとに形や性質が様々に異なっているのは何故なのだろうか。

その理由は、過去から現在に至るまでの進化の過程で、生物種それぞれが必要とする遺伝子を何らかの方法で獲得する一方、不必要となった遺伝子を排除してきたからであり、遺伝子の制御の仕方や遺伝子発現の結果として合成されるタンパク質の量や活性状態が異なるからである。

しかし、親から生まれるという過程には、当然のことながら共通の遺伝現象が介在している。アリはアリの親からアリとして生まれ、人は人の親から人として生まれている。そして、これも地球上の生物には例外なく、ある時間生き続けるとその後には必ず死が待っていて、一度死ぬと再びこの地球上に同じ個体として戻ってくることはない。それでも地球上の生命が途絶えることもなく繁栄してきたのは、生命の誕生以来、時には大きく変化することはあっても確実に、親から子へと連綿と受け継がれる遺伝子と、その情報に基づいて合成されるタンパク質を基礎として生命が生き続けてきたからである。そして、細胞の形態や必要な化学物質の一部は親から引き継ぐ一方で、次の世代が生きていくために必要な、様々な、そして十分な量の化学物質を、遺伝子とタンパク質の働きによって細胞の中に作り続けることができたからである。

したがって、生命の起源を考えることは、このようなタンパク質とＤＮＡの関係がどのようにして生み出されてきたのかを考えることとも言える。本書の狙いもそこにこそある。次章では、その第一歩となった化学進化によるアミノ酸の生成について考えることとしよう。

# 第2章 原始地球と化学進化──［GADV］-アミノ酸の生成

## 2-1 原始地球と化学進化

およそ四六億年前、後に太陽と呼ばれるようになる若い恒星の回りの高温のガスが集まった微惑星が衝突を繰り返し、高温の惑星が誕生した。原始地球である。原始地球が時の経過とともに冷えるにしたがって、約四〇億年前に海が生まれ、原始大気が形成される中で生命が生まれる環境が整えられたと考えられている(11)。

以前は、原始大気の組成はメタン（$CH_4$）や水（$H_2O$）そしてアンモニア（$NH_3$）などからなっていたという説が支持されていた。このような組成を持つ原始地球上の大気が稲妻やマグマから大きなエネルギーを受けることによって、生命の誕生に導いた有機化合物が生み出されたのではないかと考えられた。

一九五〇年代、米国のスタンレー・ミラーとレズリー・オーゲルは、想定された原始大気の成分である水、メタン、アンモニア、水素をフラスコ内に封入し、その中で放電実験を行った。[12] その結果、グリコール酸などの有機酸、グリシンやアラニンなどのアミノ酸のほか、多様な低分子有機化合物を生成させることに成功した。これが化学進化実験のさきがけとなったいわゆる「ミラーの実験」である。[12]

その後、原始地球の大気組成は当初想定されていたものとはかなり違うのではとの意見も出され、ミラーの実験とは化学組成を変えた二酸化炭素や窒素、水などを主な成分とする模擬大気中の放電実験も行われた。この実験でもグリシンやアラニン、アスパラギン酸、バリンなどが容易に合成された。もっとも、構造の複雑なチロシンやリジンなどの合成は困難なのだが、いずれの場合にも、確かに簡単な構造を持つアミノ酸はかなり容易に形成できることが分かっている。

同様の実験で、アデニンなどの核酸塩基についても生成できることは確認されている。けれども、アミノ酸や核酸塩基などよりもはるかに複雑な、「ヌクレオチド」（核酸塩基と糖、リン酸から成る）を直接合成できたという報告はない。

このように、今では、原始地球上でグリシンやアラニン、アスパラギン酸やバリンなど、構造の簡単なアミノ酸の化学進化的合成が行われたであろうことはおそらくほとんどの科学者が認めている。しかし、RNAの構成成分であるヌクレオチドが、原始地球上で生命の誕生に結びつくほどの量を蓄積できたのかについては議論が分かれる。もちろん、「RNAワールド仮説」の立場に立つ人々は、十分な量のヌクレオチドが原始地球上で生成したに違いないと主張するだろう。ヌクレオチドもできなかったというのでは、その重合体であるRNAの生成を説明できないからだ。しかし、私も含めて、有意な量のヌクレオチドが本当に原始地球上で蓄積されたのか、疑問を挟む者も少なくない。原始地球上では蓄積した有機化合物との間で様々な組み合わせの化学反応が起こってしまうため、構造が複雑な化合物ほどその合成が困難となるからである。構造が複雑になればなるほど、困難な度合いは急速に高まる。そのことから考えると、酵素の存在など特別な条件が存在しないかぎり、ヌクレオチドのような複雑な化合物を原始地球上で合成することは極めて困難に違いない。要するに、この地球上でヌクレオチドの無生物的合成が本当に起こったのかについて私たちは否定的である。

## 2-2 アミノ酸の重要性

1-1節で書いたように、私たちが実際に「生きている」あるいは「活動できている」のにはタンパク質の働きに負うところが大きい。このようにタンパク質が高い機能を持ちえるのは、その構成成分であるアミノ酸自体にその秘密の一端が隠されているはずである。以下では、タンパク質がなぜそれほどまでに高い機能を発揮できるのかを、その構成成分であり、その名前から分かるように、分子内にアミノ基（$-NH_2$）と酸性を示すカルボキシ基（-COOH：以前は、カルボキシル基と呼ばれていたもの）を持つ有機化合物の一種であるアミノ酸の性質に着目しながら話を進める（図9）。これまた化学の素養が要求される専門的な内容になるが、ここではアミノ酸がなぜ高い機能を持つのか、その化学的な理由について納得して頂ければ、それで結構である。

炭素原子を中心とする有機化合物の特徴の一つとして、アミノ酸の側鎖だけを取り上げてみても、その構造は無限と言っても良いほど多様である。したがって、一つの側鎖を持つα-アミノ酸（カルボキシ基の結合した炭素原子をα-炭素と呼ぶが、このα-炭素にアミノ基の結合したアミノ酸）の種類だけでもアミノ酸自体の種類は事実上無限にあると言っても構わない。

それにもかかわらず、地球上の生物がタンパク質内で使用するアミノ酸の数はわずか二〇種である。最近では、極めて限定的であるが、二一番目のアミノ酸（セレノシステイン）[13]や二二番目のアミノ酸（ピロリシン）[解説3][14]を使用する微生物の存在することが分かっている。しかし、それでも二〇や二二という数字を無限とも思える数字と比較すると極めて少ない。

それでも、このわずか二〇種のアミノ酸の並びを変えることで、補酵素など他の有機分子の助けを借りることはあっても、地球上の生物が生きていく上で必要なほとんどすべての作業を行うタンパク

アミノ酸の一般式

$$\begin{array}{c} \boxed{R} \\ | \\ H_2N - C - COOH \\ | \\ H \end{array}$$

| 親水性アミノ酸 | 側鎖 (R) |
|---|---|
| アルギニン | $-CH_2CH_2CH_2NHC(NH)NH_2$ |
| アスパラギン酸 | $-CH_2COOH$ |
| リシン | $-CH_2CH_2CH_2CH_2NH_2$ |
| グルタミン酸 | $-CH_2CH_2COOH$ |
| アスパラギン | $-CH_2CONH_2$ |

| 疎水性アミノ酸 | 側鎖 (R) |
|---|---|
| フェニルアラニン | $-CH_2C_6H_5$ |
| メチオニン | $-CH_2CH_2SCH_3$ |
| イソロイシン | $-CH(CH_3)CH_2CH_3$ |
| ロイシン | $-CH_2CH(CH_3)_2$ |
| バリン | $-CH(CH_3)_2$ |

| $\alpha$-ヘリックス形成アミノ酸 | 側鎖 (R) |
|---|---|
| メチオニン | $-CH_2CH_2SCH_3$ |
| グルタミン酸 | $-CH_2CH_2COOH$ |
| ロイシン | $-CH_2CH(CH_3)_2$ |

| $\beta$-シート形成アミノ酸 | 側鎖 (R) |
|---|---|
| バリン | $-CH(CH_3)_2$ |
| イソロイシン | $-CH(CH_3)CH_2CH_3$ |
| フェニルアラニン | $-CH_2C_6H_5$ |

**図9**●アミノ酸の一般式：アミノ酸は上図のように，分子内にアミノ基とカルボキシ基を持つ有機化合物であり，側鎖 (R) の種類によってアミノ酸の性質が様々に変化する．

質本体を作り上げることができる。この理由については、「7-2節　普遍遺伝暗号の形成」のところで述べるが、わずか二〇種のアミノ酸で生命にとって必要なほとんどすべてのタンパク質を作り上げることができるというこの事実は驚嘆に値することである。以下ではそれを可能にしているアミノ酸の素晴らしさについて、さらに順を追って解説することとしよう。

## (1) アミノ酸であることの重要性

中性の水の中では、アミノ酸が持つアミノ基はプロトン($H^+$)を受け取ることによって正(プラス)に、そして、カルボキシ基はプロトンを放出することによって負(マイナス)に帯電する。そのため、アミノ酸は水溶液中で互いに静電気的引力によって引き寄せられる。そのため、原始地球上の化学進化によって生み出された多様な有機化合物が共存する中でアミノ酸であるということだけでアミノ酸同士が選択的に結合した可能性が高い。

しかも、以下で説明するように、タンパク質の構造の特徴とも言える「ペプチド結合」それ自体が極めて大きな意味を持っているのである。

## (2) ペプチド結合の重要性

ペプチド結合は、二個のアミノ酸の一方のアミノ基と、他方のカルボキシ基が脱水縮合すること

（水の分子に相当する酸素一個と水素二個を除去する形で二つの有機化合物が結合すること）で形成される。そのとき注目すべき第一は、ペプチド結合が部分的に二重結合性を示すことである。そのため平面構造をとる傾向が強く、ペプチド結合内の窒素原子と炭素原子との結合の周りの回転が制限を受ける（図10）。そして、このことがポリペプチド鎖全体の自由度を制限し、タンパク質が機能を発揮する上で重要なα-ヘリックスやβ-シート構造などの二次構造の形成を助けている（図11）。

第二に、ペプチド結合は、水素供与性と水素受容性をその結合内に併せ持つことである（図10）。つまり水素結合を形成する際に必要な要素を併せ持っている。このこともタンパク質が二次構造を形成する際に有効に働く。

このように分子内にアミノ基とカルボキシ基を持つことによって形成されるペプチド結合は、二次構造の形成、ひいては三次構造の形成に見事というほかない重要な役割を演じている。他の有機化合物の中から、このように二次構造を上手く形成できる官能基の組み合わせを持つ化合物を探し出そうとしても、このアミノ酸のほかには簡単には見出せそうもない。この点一つをとっても、簡単な構造の化合物でありながら、アミノ酸がいかに高い機能を持った有機化合物であるかが分かるであろう。

## （3）α-アミノ酸であることの重要性

一方、図12にあるように、アミノ酸の中の炭素原子には、カルボキシ基が結合した炭素原子から順

**解説 3.　21 番目アミノ酸と 22 番目アミノ酸：**

(A) セレノシステインと

(B) ピロリシン

(A)

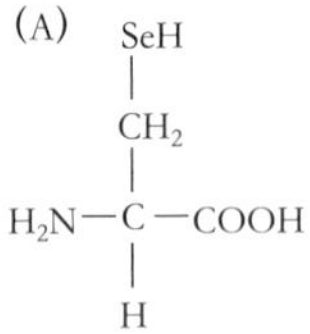

(B)

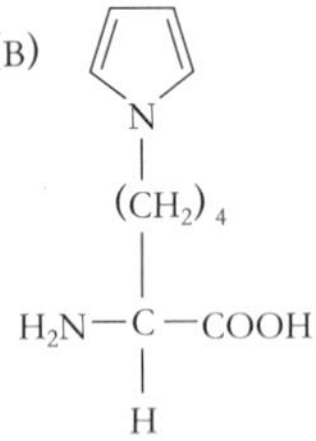

にα炭素、β炭素、γ炭素、δ炭素、…と名前がつけられており、末端の炭素原子にはω炭素の名前がつけられている。α炭素にアミノ基がついたアミノ酸をα-アミノ酸といい、β炭素にアミノ基がついたアミノ酸をβ-アミノ酸と呼ぶ。以下同様に、アミノ基の結合する炭素原子がカルボキシ基の結合した炭素原子から離れるにつれて、γ-アミノ酸、δ-アミノ酸などと呼び、末端の炭素原子にアミノ基のついたアミノ酸をω-アミノ酸と呼ぶ。要するに、カルボキシ基とアミノ基の結合位置によって、アミノ酸には多くの異なるグループが存在する。

しかし、生物がタンパク質として使用するアミノ酸はα-アミノ酸に限られている。逆に言えば、タンパク質内で使用できるアミノ酸はα-アミノ酸に限られる。そして、このα-アミノ酸だからこそ、タンパク質がタンパク質としての高い機能を発揮できるのである。

なぜなら、ペプチド結合内の窒素原子と炭素原子の周りの回転が束縛されているため、α-アミノ酸から作られたタンパク質では、主鎖内で自由に回転できる結合がアミノ酸一つ当たりで二ヶ所だけ（α-炭素とアミノ基の窒素原子、α-炭素とカルボキシ基の炭素原子の間）に限られるから

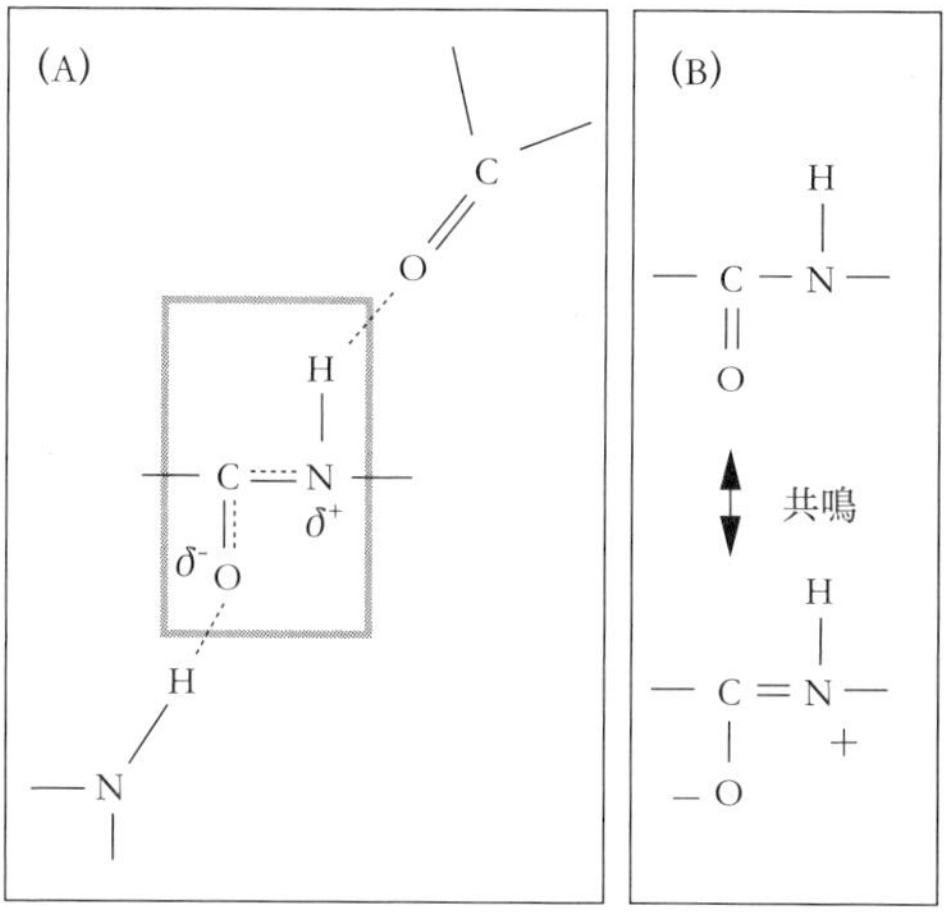


**図 10** ●ペプチド結合の性質：(A) ペプチド結合の平面性（グレーの枠内）と水素結合能．このように，ペプチド結合は水素受容体であると同時に水素供与体としての性質も持っているので，$\alpha$-ヘリックスなどの二次構造を形成する能力に優れている．(B) ペプチド結合の共鳴．ペプチド結合は図に示されるように共鳴によって安定化されているため，炭素原子と窒素原子の間の結合が部分的に二重結合性を帯びる．そのため，C-N 結合の回りの回転が阻害されている．

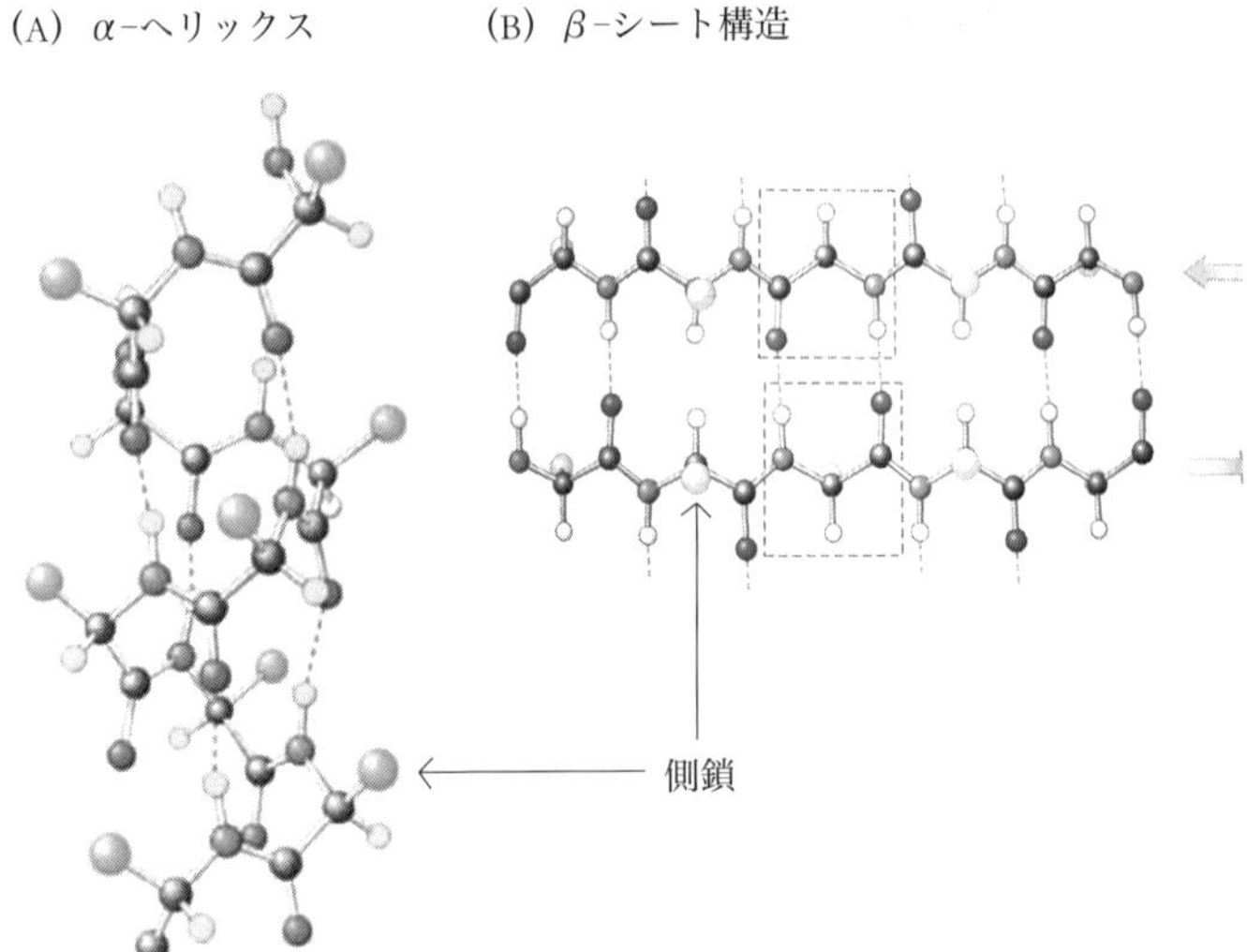


J. M. Berg, J. L. Tymoczko, L, Stryer
"Biochemistry, 5th ed." W. H. Freeman & Co. (2001) より

$$\begin{array}{l}\qquad\quad\omega\qquad\qquad\qquad\qquad\ \ \delta\ \ \gamma\ \ \beta\ \ \alpha\\ H_2N-CH_2\cdot\cdot\cdot\cdot\cdot\cdot\cdot CH_2CH_2CH_2CH_2-COOH\end{array}$$

**図 11 (上)** ●タンパク質の二次構造：(A) α-ヘリックスは右巻きの一本鎖ラセンであり，ヘリックス内の水素結合（点線）でラセン構造が保持される．また，側鎖（薄いグレーの球）は常に同じ方向に出ている．(B) β-シート構造は襞折れ構造で，側鎖（薄いグレーの球）は交互に上下に出ている．

**図 12 (下)** ●カルボキシ基の結合した炭素原子から順に，遠くになるにつれて α-炭素，β-炭素，γ-炭素のように名前がつけられている．また，アミノ酸はアミノ基のつく炭素原子の名前にしたがって，α-アミノ酸，β-アミノ酸，γ-アミノ酸のように分類されている．

である。この自由に回転できる結合の数が適度に制限されることによって、主鎖が柔らかくなり過ぎるのを抑制し、α-ヘリックスやβ-シート構造などの規則構造（二次構造）の形成が容易に行えるようになっている。一方、β-アミノ酸やγ-アミノ酸などのように、アミノ基とカルボキシ基の結合位置が離れると、主鎖上に現れる自由に回転できる炭素原子と他の原子間の結合の数は三ヶ所、四ヶ所と増えてしまう。したがって、β-アミノ酸やγ-アミノ酸などの場合には回転の自由度が大きくなり過ぎ、規則構造の形成にとっては不利となる。

これを言い換えれば、α-アミノ酸はタンパク質が二次構造を形成する上でちょうど都合の良い十分な自由度と、大き過ぎない一定の制限を受けたまさに適度な自由度を持った化合物となっている。この点から考えても天然のα-アミノ酸は見事な構造と性質を持った有機化合物なのである。

## （4）ホモキラルであることの必要性

また実は、グリシンを除くアラニンなど一九種の天然のアミノ酸のα-炭素はいずれも不斉炭素原子となっている。そのため、少なくとも一対の鏡像異性体が存在する（図13）。試験管内でα-ケト酸のアミノ化反応によって、対応するアミノ酸を合成しようとすると一般にはL体とD体のアミノ酸が等量合成される。

しかし、現在の地球上に棲息する生物の細胞中に見られるタンパク質は特別の場合を除いてすべて

**解説4. ホモキラリティーの出現：** 現在の生物が使用しているタンパク質内のアミノ酸は不斉炭素原子（相異なる四つの基または原子が結合した炭素原子を「不斉炭素原子」と呼ぶ．ほとんどのα-アミノ酸のα-炭素は不斉炭素原子だが，グリシンのα-炭素は四つのうちの二つが水素なので不斉炭素原子とはならない）を持たないグリシンを除いてすべてL-体である（図13）．これは中性子星の円偏光を原因とする考えもあるが，原始地球上での結晶化など何らかの理由によって，一方の鏡像体であるL-アミノ酸のみが濃縮され，それを利用したタンパク質を基礎とする生命体が原始地球上に誕生し，それが進化することによって今日に至ったことが原因となっていると思われる．

同じキラリティー（不斉性）を持つL-アミノ酸で構成されている。このことをホモキラル[解説4]というが、なぜ、D-アミノ酸ではなく鏡像体の一方であるL-アミノ酸のみを使用するようになったのかについては、まだ不明な点も多い。確かなことは、L-アミノ酸だけでできたタンパク質内のα-ヘリックスは右巻きのラセンを形成する傾向が大きいのに対して、D-アミノ酸のみからなるタンパク質では左巻きのラセンとなる傾向が大きくなることである。言い換えれば、ホモキラルでなければならないのは、α-ラセンなど二次構造の形成傾向がL-アミノ酸とD-アミノ酸とで逆になることが原因の一つだと考えられる。その理由は以下の通りである。

L体とD体のアミノ酸を混ぜ合わせて重合したタンパク質はL-アミノ酸とD-アミノ酸に起因形成する右巻きと左巻きのラセンを形成する傾向が混在してしまい、正常な同じ方向に統一されたヘリックスの形成が不可能となってしまう。そのような状況の下では正常なα-ヘリックスを形成することは不可

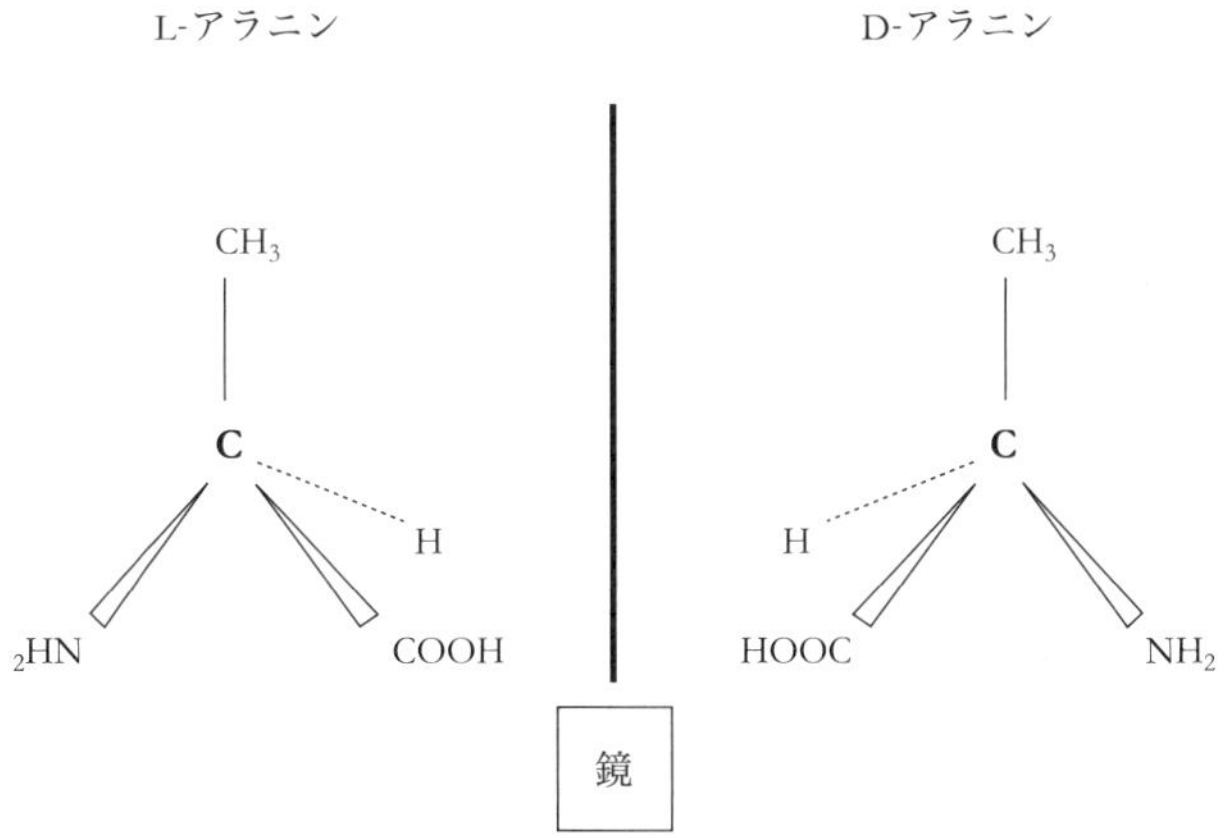


**図 13**●鏡像異性体：鏡像異性体の例をアラニンで示した．不斉炭素原子（太字の C）に四つの異なる基または原子がつくと，鏡に映した分子（例えば，右側の分子）と元の分子（例えば，左側の分子）を重ねあわせることができない．これを鏡像異性体，または物理的・化学的性質は一般的には同じでありながら平面偏光を回転させるという性質に差を生じるので光学異性体という．グリシンでは，アラニンの $CH_3$ の代わりに H がついているので，元の分子と鏡像体を重ね合わせることができる．そのため，光学異性は生じない．

能で、タンパク質が有効な機能を発揮できなくなってしまう。タンパク質が機能を発揮する上ではL-アミノ酸ならL-アミノ酸だけが、D-アミノ酸ならD-アミノ酸だけが使用されるというホモキラルであることがもう一つの必要条件となっているのである。

## (5) 天然のアミノ酸の構造的特徴

ところで、アミノ酸の種類は側鎖の違いによって決められるが、図9(41ページ)に示されているように、側鎖が炭化水素を中心に構成されているアミノ酸は疎水性が大きい。逆に、カルボキシ基やアミノ基などのようにプロトン($H^+$)を放出したり、受け取ったりする基を含んでいるか、電子に偏りのある基を含んでいると、疎水性が小さく、すなわち、親水性が大きくなる。また、側鎖のβ-炭素(カルボキシ基の結合した炭素から二つ目の炭素原子)に三つの水素原子が結合するなど、β炭素の位置で直鎖状となっているアミノ酸は α-ヘリックスを形成する傾向が強くなる。逆に、β-炭素にベンゼン環などの大きな基を持つか、β-炭素から枝が出ているような側鎖を持つアミノ酸はβ-シート構造をとる傾向が大きくなる。

このように、側鎖の種類によって二次構造や三次構造を形成する際の特徴が生まれるが、そうした多くのアミノ酸のうち二〇種のアミノ酸が選び出され、それらが重合することによって、全体として適度な二次構造を持ち水溶性で球状のタンパク質を形成できるようになっている。中でも、生命の起源を考える上で重要な役割を演じたと考えられるのは、グリシン、アラニン、アスパラギン酸、バリン（まとめて［GADV］-アミノ酸と呼ぶ）の四種のアミノ酸である。次節ではそれらの性質と意義について解説することとしよう。

## 2-3 ［GADV］-アミノ酸

3-2節で詳しく説明するように、私たちは生命の起源について、今広く受け入れられている「RNAワールド仮説」とは異なる、グリシン、アラニン、アスパラギン酸、バリンを構成成分とする［GADV］-タンパク質に基礎を置いた、「［GADV］-タンパク質ワールド仮説」を提唱している。[7] その第一の理由として、［GADV］-タンパク質は、組成が単純であるにもかかわらず、ヌクレオチド合成など様々な触媒活性を持ち得た可能性が高いということがあげられる。

表3を見てほしい。グリシン、アラニン、アスパラギン酸、バリンの四つのアミノ酸がタンパク質内で示す基本的な性質を示したものであるが、いずれも極めて高い化学的能力（それぞれの二次構造を形成する能力など）を持っている。しかも、いずれのアミノ酸もその構造が比較的簡単である。このことをもう少し詳しく説明することにしよう。

**表 3.　[GADV]-アミノ酸の性質**

| アミノ酸 | 疎水性度 | α-ヘリックス | β-シート | β-ターン | 官能基 |
|---|---|---|---|---|---|
| グリシン | 1.0 | 0.56 | 0.92 | 1.64 (2) | − |
| アラニン | 1.6 | 1.29 (3) | 0.90 | 0.78 | − |
| アスパラギン酸 | − 9.2 (19) | 1.04 | 0.72 | 1.41 (3) | − COOH |
| バリン | 2.6 (5) | 0.91 | 1.49 (1) | 0.47 | − |

注）表内の数字は Stryer の教科書 "Biochemistry" * から抜き書きしたものである．なお，(　) 内の数字は二〇種のアミノ酸の内，上から数えた順位を表している．

* J. M. Berg, J. L. Tymoczko, L. Stryer "Biochemistry, 5th ed." W. H. Freeman & Co. (2001)

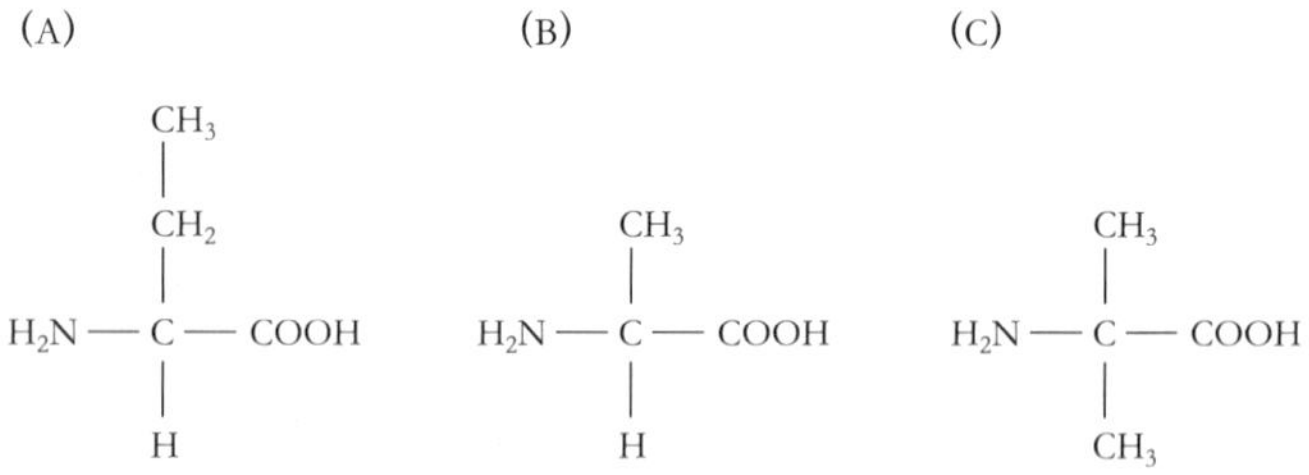


**図14●** (A) L-2-アミノ酪酸，(B) は比較のために示したL-アラニンの構造式，(C) 2-アミノ-2-メチルプロピオン酸．2-アミノ酪酸ではアラニンのメチル基がエチル基に，2-アミノ-2-メチルプロピオン酸ではアラニンのα-炭素に結合した水素がメチル基に変わっている．

1−1節で説明したように、タンパク質が水溶液中で球状の構造をとり、触媒作用などの機能を発揮するためには、少なくとも疎水性／親水性度、α−ヘリックス、β−シート、β−ターンなどの二次構造形成能の値が適度な範囲内に入っている必要がある（私たちはこれをタンパク質の構造形成に関する四つの条件と呼んでいる）。［GADV］−アミノ酸のうち、バリンは疎水性の大きなアミノ酸であり、アスパラギン酸は親水性の大きなアミノ酸である。また、二次構造の形成に関して言うと、アラニンはα−ヘリックスを形成するアミノ酸であり、β−シート形成能の高いアミノ酸としてはバリン、β−ターン構造を形成するアミノ酸としてはグリシンがあげられる。さらに、アスパラギン酸は、酵素など触媒作用を発揮するのに必要なカルボキシ基を官能基として持つ。このように、［GADV］−アミノ酸は、わずか四種の中にタンパク質の構造形成や触媒としての働きを発揮するために必要な条件を見事に兼ね備えている。

また、［GADV］−アミノ酸は、現在地球上に棲む多くの生物が使用している遺伝暗号表（図7 29ページ）の中で、Gで始まる四つの暗号GNCによってコードされている。［GADV］−アミノ酸が遺伝暗号表の中でこのように一列に書き込まれているのは、単に偶然ではなかろう。私たちが、［GADV］−アミノ酸が重合して出来た［GADV］−タンパク質が生命の誕生に関する重要な役割を演じ、タンパク質と遺伝暗号が共進化してきたと考えたのも、こうした事柄に注目したからである。

ところで、ミラーの実験やそれと類似した実験では、側鎖にエチル基を持つ2−アミノ酪酸やα−炭素に二個のメチル基（−$CH_3$）を持つ2−アミノ−2−メチルプロピオン酸なども、容易に合成される（図14[12、15]）。では、このような、構造が簡単で原始地球上で容易に合成されたと考えられるアミノ酸が、なぜ天然のタンパク質の中で使用されなかったのだろうか。

この理由も、そうしたアミノ酸を利用するとタンパク質の構造形成に不都合を生じることで説明できる。構造の簡単な順に、グリシン、アラニン、アスパラギン酸、そして、バリンの代わりに側鎖にエチル基を持つ2−アミノ酪酸を使用したと仮定しよう。

図9（41ページ）を見て分かるように、β−炭素に二つ以上の水素原子を持つ直鎖状の側鎖を持つアミノ酸はα−ヘリックスを形成する傾向が強い。この点を考慮すると、四つのアミノ酸の中でアラニンと2−アミノ酪酸とが共にα−ヘリックスを形成する傾向の大きなアミノ酸となる。そのため、これら四種のアミノ酸からなるタンパク質はα−ヘリックスを形成する傾向が過大となる。その一方、β−シートやβ−ターン構造、特に、バリンを持たないためβ−シート構造を形成することが困難となる。したがって、こうしたアミノ酸を使うと、機能性の高いタンパク質を形成しにくい。そのため、同じα−ヘリックスを形成するアミノ酸の中では、より構造が簡単で化学進化的に合成されやすいアラニンを使用し、2−アミノ酪酸の使用を止めたのだと考えることで説明できる。

次に、α−炭素に二個のメチル基を持つ2−アミノ−2−メチルプロピオン酸をタンパク質の中に取り入れた場合を考えてみよう。この場合には、二つのメチル基の内の一方はL−アミノ酸と同様、右巻きのα-ヘリックスを形成しようとする。しかし、もう一方のメチル基がラセンの方向を左巻きにねじろうとするだろう（この状況は、α炭素に二個の水素原子を持つグリシンと同様の状況である）。このように、2-アミノ-2-メチルプロピオン酸を使用するタンパク質では、α-ヘリックスなどの重要な二次構造の形成が妨害される。言い換えれば、ホモキラリティーを持つという点で不都合が生じることとなる。

このように、構造が簡単で、原始地球上で容易に蓄積されたはずのアミノ酸であっても、なぜ、［GADV］-アミノ酸以外のものは生体内のタンパク質を構成するために使われなかったのかという疑問に対しては、いずれの場合も、それらのアミノ酸を使用すると高い機能を発揮できるタンパク質の構造形成が阻害されるからだ、ということで説明が可能である。

ここまで述べてきたように、様々な有機化合物やアミノ酸が化学進化の過程を通じて原始地球上に蓄積した。その中で構造が簡単で、原始地球上で容易に合成されたと思われる上に、タンパク質の機能を発揮するための見事な組み合わせとなっているのが、［GADV］-アミノ酸すなわちグリシン、アラニン、アスパラギン酸、バリンの四種なのである。この四種のアミノ酸が生命の起源の扉を開くきっかけを作り、天然のアミノ酸の中で比較的構造が複雑で、化学進化的には合成の困難なほかの一六種のアミノ酸は、［GADV］-タンパク質やその機能が進化することによって形成された酵素によって後になって合成されたと考えられる。私たちのこうした考え方が、理解していただけたろうか。

次章では、［ＧＡＤＶ］-アミノ酸を出発点にした生命誕生のドラマについて、より詳しく見ていきたい。

# 第3章 生命誕生への第一歩——［GADV］-タンパク質ワールドの形成

## 3-1 ［GADV］-タンパク質の性質

2-1節で述べたように、［GADV］-アミノ酸は構造が簡単なこともあって、原始地球における化学進化の過程で、容易に蓄積したと考えられる。この［GADV］-アミノ酸が海岸付近の岩の窪みの塩溜りの中（図15）で太陽からのエネルギーを受け蒸発と乾凅を繰り返したり、深海の熱水噴出口などで、マグマからの熱の供給を受けながら、ペプチドを形成し、タンパク質を形成したに違いない（このタンパク質を、以下では［GADV］-タンパク質と呼ぶ）。特に、岩の窪みの中で起こったと思われる蒸発・乾凅の過程では水分が蒸発するにしたがって、濃縮される上に二分子のアミノ酸間で水分子が脱

図 15 ● (A) 原始地球上の海岸付近の岩場の塩溜りなどで [GADV]-アミノ酸が蒸発・乾涸と海水や雨水による希釈を繰り返すことによって重合し，[GADV]-ペプチドや [GADV]-タンパク質を形成したと考えられる．(B) 化学進化初期の頃の [GADV]-タンパク質の形成過程と擬似複製の様子．

離する側に反応が進行しただろう。すなわち、ペプチド結合が形成される方向に有利に反応が進んだと考えることができる。こうして、四種のアミノ酸がランダムにペプチド結合を形成し、生命の誕生へ歩みを進めるのに十分な量の数個、あるいは、数十個のアミノ酸からなるペプチドを生成した（これを［GADV］-ペプチドと呼ぼう）。また、このような［GADV］-ペプチドが会合することによって合計一〇〇個ほどのアミノ酸数にまで成長し、アミノ酸が一〇〇個ほど重合して出来たのと同様の［GADV］-タンパク質様複合体（［GADV］-タンパク質）を形成したのだ（図15B）。

ランダムなアミノ酸配列を持つ［GADV］-タンパク質は、様々な構造と様々な性質を持つ集団でありながら、水溶性で球状となるための四つの条件を満足できることからいずれの［GADV］-タンパク質も水溶性で球状の構造を高い確率で形成した可能性が大きい（3-2節）。

もちろん二〇種のアミノ酸を使用する現在のタンパク質に比べると、この［GADV］-タンパク質はタンパク質としての機能はまだはるかに低かったのには違いない。しかし生命の誕生への歩みを始めるのには十分な高さの機能を持っていたと推定することができる（図16）。

## 3-2
# 新しい生命の起源説：［GADV］-タンパク質ワールド仮説

私たちはコンピューターを用いて遺伝子やタンパク質のデータを詳細に解析するとともに、様々なアミノ酸の組み合わせについて、シミュレーションを行った。その結果たどりついたのが、生命の起源に関する独自の「［GADV］-タンパク質ワールド仮説」（図16）である。[6-8]

その根拠の一つとなったのは、細菌の種類によっては遺伝子のGC含量が大きく変化するという性質を利用して、七五パーセントから二五パーセントまで幅広いGC含量を持つ細菌遺伝子がコードするタンパク質の性質を詳細に解析した結果である。すなわち、細菌遺伝子のGC含量が変化すると、それに伴って二〇種のアミノ酸の内、一〇種の使用頻度がかなり大きく変化する。それにもかかわらず、多くのタンパク質は、ほぼ一定の疎水性／親水性度やα-ヘリックス、β-シート、β-ターン形成能を持っていることが分かったのだ。[9] このような事実は、逆に、酵素が水溶性で球状のタンパク質として高い機能を発揮するためには、分子内に適度な疎水性／親水性度を持ち、かつ、それぞれの二次構造を適度に形成しようとする能力が、ある限られた範囲に入る必要があることを示している。

このことを利用して遺伝暗号表（図7　29ページ）の中から、縦の列、あるいは横の行から取り出したすべての四つのアミノ酸の組み合わせの中で、この四つの条件（疎水性／親水性度、α-ヘリックス、

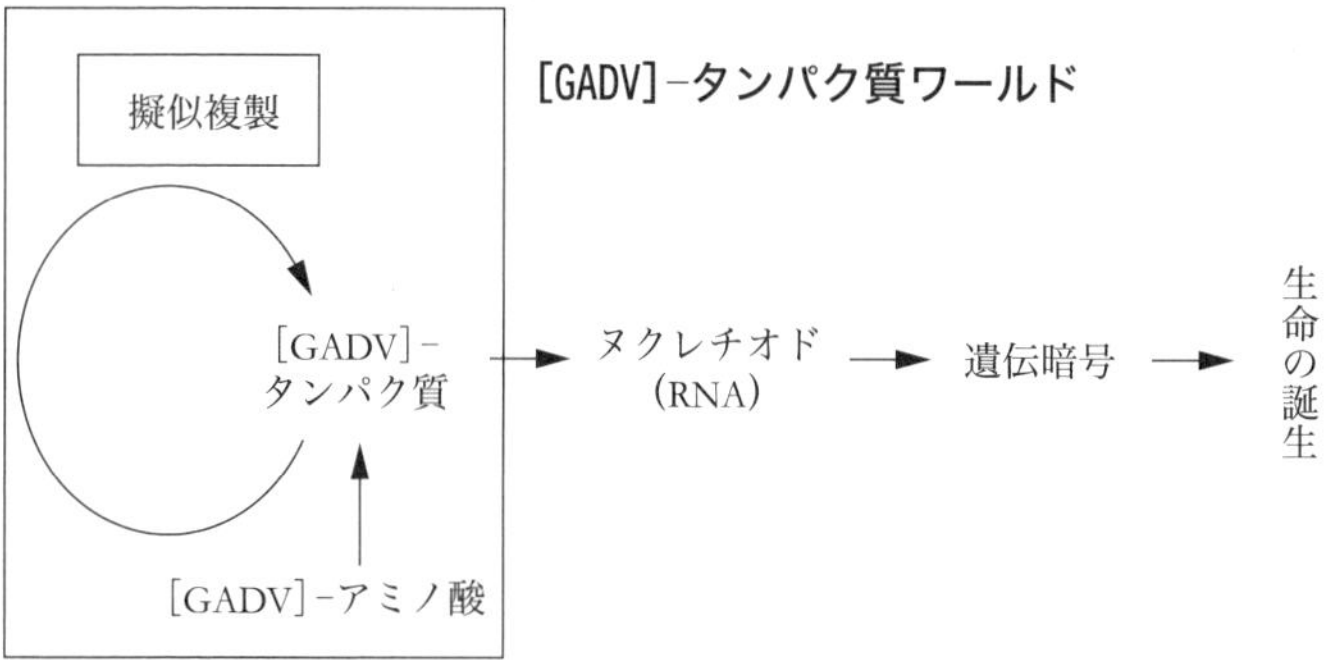


GNC 原初遺伝暗号

| | U | C | A | G | |
|---|---|---|---|---|---|
| G | Val | Ala | Asp | Gly | C |

SNS 原始遺伝暗号

| | U | C | A | G | |
|---|---|---|---|---|---|
| C | Leu | Pro | His | Arg | C |
| C | Leu | Pro | Gln | Arg | G |
| G | Val | Ala | Asp | Gly | C |
| G | Val | Ala | Glu | Gly | G |

普遍遺伝暗号

**図 16（上）**●私たちが主張する生命の起源に関する [GADV]-タンパク質ワールド仮説．私たちは，生命は 4 種のアミノ酸（グリシン，アラニン，アスパラギン酸，バリン）からなる [GADV]-タンパク質の擬似複製によって形成された [GADV]-タンパク質ワールドから生まれたと考えている．

**図 17（下）**●遺伝暗号の起源に関する GNC-SNS 原始遺伝暗号仮説．私たちは，遺伝暗号は 4 種のアミノ酸をコードする GNC 原初遺伝暗号から始まり，10 種のアミノ酸をコードする SNS 原始遺伝暗号を経て，現在の普遍遺伝暗号へ進化したと考えている．

β-シート、β-ターン形成能）を満足するものを探し出した。その結果、GNC[基本用語2]がコードする［GADV］-アミノ酸、すなわち、［GADV］-アミノ酸とその変形である［GAEV］-アミノ酸（ただし、［E］はアスパラギン酸（［D］）と類似のグルタミン酸を示す）だけが四つのタンパク質の構造形成条件を十分に高い確率で満足できることが分かった。その上、これら［GADV］-アミノ酸をほぼ均等に（四分の一ずつ）混ぜ合わせた時に、水溶性で球状のタンパク質を形成するための四つの条件を満足できることも確認できた（表3　52ページ）。要するに四種の［GADV］-アミノ酸を均等にそしてランダムに連結させるだけで現存の水溶性で球状のタンパク質と同様の構造を高い確率で形成できるのである。

（ところで、私たちが提案している「［GADV］-タンパク質ワールド仮説」は、また、「遺伝暗号はGNC原初遺伝暗号から始まり、SNS原始遺伝暗号を経て普遍遺伝暗号に至った」という私たちの提唱する「GNC-SNS原始遺伝暗号仮説」（図17）[9]を根拠の一つとしている。なぜなら、GNC原初遺伝暗号から始まったとすると最も初期のタンパク質はGNC原初遺伝暗号がコードするグリシン、アラニン、アスパラギン酸、バリンの四種のアミノ酸しか使用することはできず、そのため最も初期のタンパク質はこの四種のアミノ酸のみからできていたはずだからである。この点については、4-4節で解説することにしよう。）

また、四つの［GADV］-アミノ酸を一つずつ他のアミノ酸と交換し、四つの構造形成条件を満足するものを探したところ、満足できたのはいずれの場合も、［GADV］-アミノ酸よりも構造の複雑なアミノ酸との組み合わせであった。このことは四つの条件を満足できる四つのアミノ酸の中では、［GADV］-アミノ酸が最も構造の簡単なアミノ酸の組み合わせであることを意味している。[8、9] その上、2-1節で説明したように、これらの［GADV］-アミノ酸は原始地球上で化学進化的に容易に生成することが可能である。したがって、海岸付近の岩の中に出来た塩溜りなどで蒸発と乾涸を繰り返すうちに重合し、機能性の高い［GADV］-ペプチドや［GADV］-タンパク質を形成できたことを想定することができる（図15）。

以上のようなことから考えて、原始地球上で形成された［GADV］-タンパク質は、水中で、現存のタンパク質に似た構造に折りたたまれ、その当時としては十分に高い触媒活性を持っていたと推定できる。そのため、化学進化によるそれまでの酵素不在下での単純な有機化合物の合成速度に比べ、はるかに大きな速度で十分な量のタンパク質を蓄積することが可能となった。こうして行われた［GADV］-タンパク質の擬似複製が主な原動力となって、生命の誕生に向かう重要な一歩を踏み出すことができたのではなかろうか。なぜなら、擬似複製によって蓄積した［GADV］-タンパク質が存在したお陰で、化学進化的には合成することが極めて困難なヌクレオチドを十分な量にまで原始地球上に蓄積し、遺伝暗号を確立することやRNA遺伝子を形成することが可能となったと考えることができるからである（図16）。

## 3-3 これまでのタンパク質ワールド説

ところで、私たちの主張する仮説を「[GADV]-タンパク質ワールド仮説」と呼んだが、二〇世紀前半頃まで、多くの人達は「タンパク質から生命が生まれた」と考えていた。もっともこうした考えが、特に「タンパク質ワールド仮説」のような名称で呼ばれていたわけではないが、その当時の考え方と私たちの考え方の違いを簡単に説明しておくことにしよう。

その当時は遺伝子の化学的本体が何であるかさえ分かっていなかった。つまり、今から思えば遺伝子本体についての解釈に誤りがあった。すなわち、五〇年以上も前は、多くの人が漠然と遺伝子の本体はタンパク質に違いないと思い、生命はタンパク質から生まれたに違いないと考えていたのだ。

その当時は高分子というものが十分に理解されていなかったこともあって、DNAは四種のヌクレオチドが環状につながった単純な構造のものだという説（テトラヌクレオチド説という）が提案されていたほどである。それに対して、タンパク質に対する理解はかなり進んでおり、タンパク質は二〇種のアミノ酸で構成され、複雑で多種多様なものであるとの認識がすでにあった。したがって、複雑な遺伝現象を担うことは核酸（DNA）では不可能で、核酸よりはるかに複雑で多様なタンパク質が握っているとの考えが強かったからである。

そのため、当時は、生命はタンパク質から生まれたとの考えが主流で、そのような雰囲気の中で生命の起源を求めるため、ゼラチン（タンパク質の一種でコラーゲンを主成分とするもの）やアラビアゴムなど生体から抽出したタンパク質などの生体高分子を用いた実験が行われた。その実験結果に基づいて提出された考えが、オパーリンによって提案されたコアセルベート仮説（コアセルベートとは生体高分子を中心とした親水性のコロイド粒子が集合したもので、当時は生命の起源の最初の段階と考えられたもの）である。[16] このコアセルベート仮説は、その時代、生命の起源を説明できる考えだとして多くの人々の支持を集めていた。

しかし、米国の生物学者ジェームズ・ワトソンと英国の物理学者フランシス・クリックの研究によって、遺伝子の化学的本体は二重ラセン構造の極めて長い分子から出来たDNAであることが確定すると、生命がタンパク質から生まれたとの考えは急速に否定されることとなった。なぜなら、DNAやRNAなどのように塩基対を形成できる核酸と違って、タンパク質は構成成分であるアミノ酸の間に特別な関係を見いだすことができず、タンパク質を複製することは原理的にできないことが分かったためである。

3‐4節で詳しく説明するように、確かに私たちの主張する「[GADV]‐タンパク質ワールド仮説」の中で登場する四種類のアミノ酸からなる[GADV]‐タンパク質も、文字通りの複製ができるわけではない。しかし、[GADV]‐タンパク質がペプチド結合の形成さえ触媒できれば、組成が単純

（四種のアミノ酸にすぎない）なこともあって、遺伝子が無くとも、（同じではないにせよ）良く似た［GADV］-タンパク質を増やすことができるのではないだろうか。いわば「擬似複製」によって増殖することが可能なはずである（図18）。このように、私たちの［GADV］-タンパク質ワールド仮説は、生命の誕生に向かう最初の歩みの中では四種の［GADV］-アミノ酸のみからなるタンパク質を考えれば良いという意味で、それまでの考え方とは大きく異なっている。

## 3-4 生命の誕生の鍵――擬似複製か自己複製か――

現時点では、多くの人達が「RNAワールド仮説」を受け入れている。私もその一人だったが、「［GADV］-タンパク質ワールド仮説」に思い当たると、それまでは納得していた「RNAワールド仮説」の欠点が目につくようになった。これらについては3-6節でまとめて記述するが、ここでは、そのうちの大きな一つの欠点について述べておこう。それは「RNAワールド仮説」の最も中心的な事柄の一つ、「自己複製」に関する考察から気のついたことだ。一言で言えば、「RNAワールド仮説」はRNAが自己複製することを主な根拠として、それが生命の起源だと主張するのだが、そもそも自己複製するシステムなどありえないのではないかとの思いである。

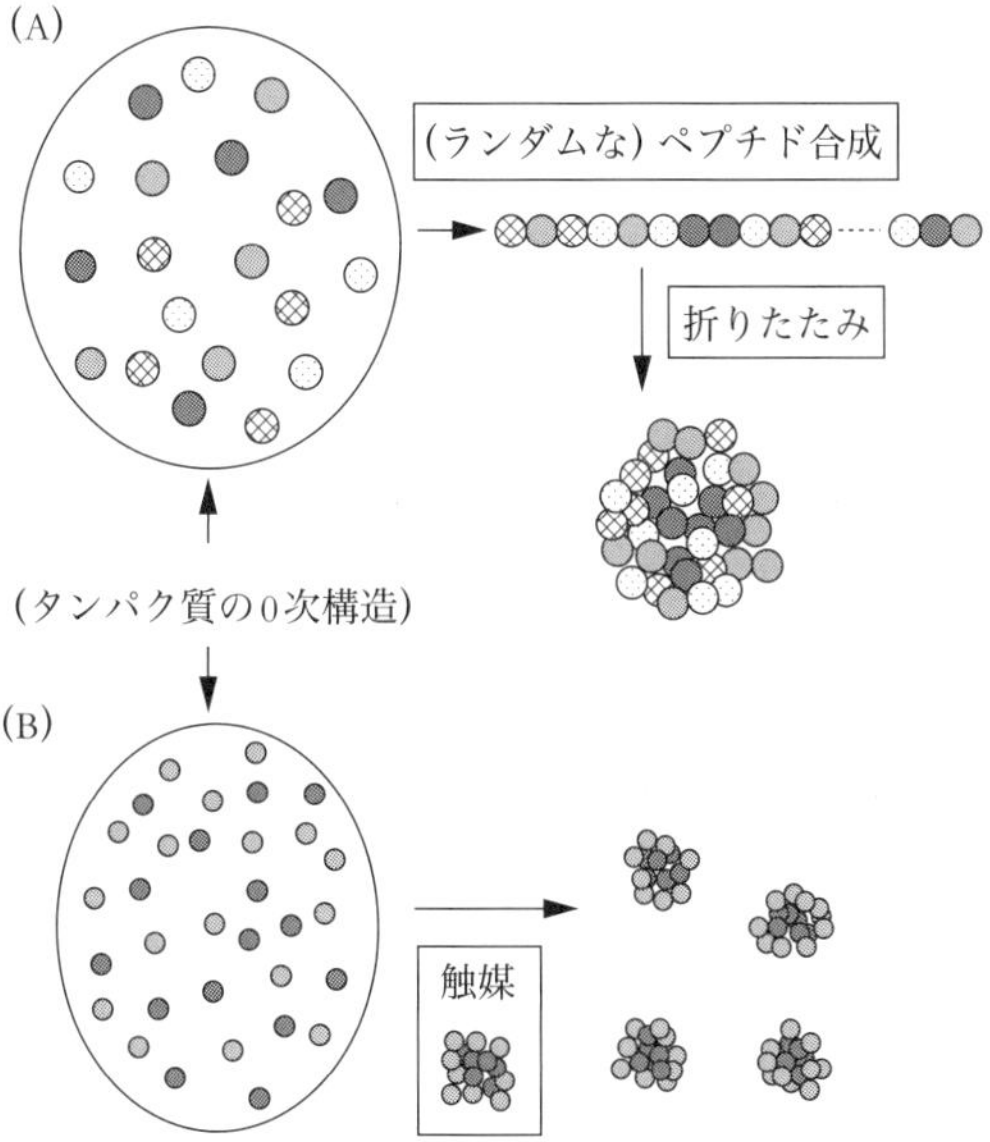


**図 18** ● (A) 4 つの構造条件を満足するタンパク質の 0 次構造からなるアミノ酸組成 (4 種の場合で例示：親水性の大きなものから順に，◎，⊗，○，●の順で描いた) の中で合成されたタンパク質は，高い確率で，水溶性で球状の構造に折りたたまれる．(B) 少数のアミノ酸 (簡単のため 2 種の場合を例示) からなるタンパク質が触媒となり，同じ成分からなるタンパク質を合成できたとすると，遺伝子不在下で，同じではないがよく似たタンパク質を多数作ることができる．これを擬似複製と呼んでいる．

というのも、RNAが自己複製するためには、次の二つの条件を満足する必要があるだろう。一つ目の条件は、触媒機能を発揮するためにはRNAが安定な三次構造をとる必要があること、二つ目は情報機能を発揮する（複製のための鋳型となること）ためにはRNAが部分的にせよ構造を巻き戻し、そして、最終的にはRNA分子全体を一本鎖の構造に巻き戻さなければならない、ということである。RNAが文字通りの意味で「自己複製」するためにはこの二つの条件を同時に満足する必要がある。しかし、二つの構造条件は相反するものであって、これを解決することは事実上不可能だと思われる。

もちろん、「同じRNAが同じRNA分子を複製することは必ずしも必要でなく、触媒機能を発揮できるように安定な三次構造を持つRNAが触媒となり、安定な三次構造を持たない他のRNA分子を鋳型として複製することで「RNAワールド」が成立していたと考えることもできる」と反論する人もあろう。

ではそれならば、触媒機能を持つRNAが他のRNA分子を複製するような状況が仮にあったと考えることにしよう。しかし、RNAが遺伝情報を持つためには遺伝暗号との関係が重要で、単にヌクレオチドの配列を適当に持つだけでRNAが遺伝情報を持てるわけではない。なぜなら、遺伝子は遺伝暗号に対応する三塩基を単位として重合したもので、実在の遺伝子のコドンの位置ごとの塩基組成は独特のパターンとなっている（コドンの塩基位置一番目では全体としてグアニン（G）の含量が高いなど）からである。このことから考えると、遺伝情報を持つためには、そのような特異な配列パターンを

ＲＮＡが持つ必要がある。したがって、触媒機能を持つＲＮＡが他のＲＮＡ分子を複製するような状況が仮にあったとしても、おそらくほとんど意味の無いＲＮＡを大量に作るだけのことで、そのようなＲＮＡが生命の誕生につながった可能性は低い。言い換えれば、触媒機能を持ったＲＮＡが自身のＲＮＡを鋳型として自己複製しなければ、ほとんど意味が無い。しかし、そのこと自体が原理的に不可能なのである。

それに対して、「[ＧＡＤＶ]-タンパク質ワールド仮説」では四種の[ＧＡＤＶ]-アミノ酸をランダムに結合させることによって類似の構造を持つ水溶性で球状のタンパク質を高い確率で生み出せる。すなわち、遺伝子不在下でも、[ＧＡＤＶ]-タンパク質の擬似複製が可能なのである（図18）。

アミノ酸配列を規定する遺伝子が不在で、つまり何の条件づけもされていない時には、タンパク質にある性質を発揮させるため、あらかじめ特定の領域に特定の二次構造を形成させるよう特異なアミノ酸配列を設計することは極めて困難であり、事実上不可能であろう。しかも、遺伝子が形成されるよりも前の時期に作られる最も初期のタンパク質は、その時点までに原始地球上に蓄積されたアミノ酸を、ある組成範囲の中でランダムに連結させたものでしかないはずである。

こうして考えると、タンパク質を合成するための最初のシステムは、ランダムな結合の形成であっても高い確率で機能を発揮できるような、特別なアミノ酸組成（これを「タンパク質の０次構造」と呼んでいる）[8]の中で、タンパク質合成を行うしかないはずである。逆に言うと、ランダム重合に基礎を置いた擬似複製システムだけが最も初期の複製システムとならざるをえない。［ＧＡＤＶ］-タンパク質が行っている遺伝的機能不在下での擬似複製システムは、これを行っているのである（図18）。

遺伝子不在下での擬似複製が生命の誕生の鍵となったと考える私たちの「［ＧＡＤＶ］-タンパク質ワールド仮説」の方が、生命の起源を考えるにあたってはより説明しやすい考えであることを理解していただけただろうか。次の3-5節では、より納得していただくために、合成されたタンパク質の機能の獲得に重点を置いて考えてみたい。

## 3-5 代謝前成説と複製前成説

「［ＧＡＤＶ］-タンパク質ワールド仮説」と「ＲＮＡワールド仮説」の間には、もう一つ、考え方の根底が大きく異なる点がある。それは「［ＧＡＤＶ］-タンパク質ワールド仮説」がタンパク質の持つ機能（特に代謝）を中心とする考えであるのに対して、「ＲＮＡワールド仮説」はまず複製することに重点をおいた考えとなっているという点である。より詳しく言うと、前者は［ＧＡＤＶ］-タンパク質による代謝から始まり、効率的なタンパク質による代謝機能の維持と発展のために後になって記号としてのＲＮＡ遺伝子が生み出されたと考えるのに対して、後者は遺伝的記号が複製体として先に生み出され、その後で触媒などの機能を獲得したと考えるのである。一言で言えば、生命の起源に至る過程で「代謝系が先に出来たのか」それとも「複製系が先に出来たのか」という議論となる。[2] このような議論の中で第一に考えておかなくてはならないのは、最も初期の代謝あるいは代謝系とはどのようなものなのかということである。

「複製前成説」を主張する研究者の中には、代謝系は極めて複雑で整合性のとれたものであり、このような代謝系は遺伝子の存在無くしては成り立ちえない。したがって、「代謝前成説」は初めからありえないとの結論に導いている人たちがいる。[2] それに対して、私は、代謝は今の生物から言えば代謝系とは呼べないくらいの、ごく幼稚なレベル、すなわち数個の化学反応から始まったに違いない、と考えている。

もう一つ急いで確認しておきたいのは、代謝とはタンパク質性の触媒である酵素（あるいはそれに代わるＲＮＡなどの有機化合物）によって行われる化学反応のことであって、酵素の無い時代の化学反応を代謝とは呼ばない、ということである。原始地球上に現れた二酸化炭素や水、窒素などにはもちろんのこと触媒能力も複製する能力も無い。だから、そのような単純な化合物から複製可能な化学物質（複製体）が生まれるまでには、一定の酵素によらない無生物的な化学反応が不可欠である。そのような化学反応を代謝と呼ぶのなら代謝が先であることは自明だが、私たちはこんな議論をしているわけではない。また、同様の理由から、タンパク質でできた酵素以外の化学物質である粘土や金属片などの物質を使用する化学反応についても、そのような化学物質の中にたとえ触媒としての機能が含まれていても、単なる気体中や水溶液中の化学反応と本質的には変わらないと考えるべきである。これも代謝とは呼べない。

わざわざこのようなことを確認するのは、代謝が先に生まれたのか、それとも複製システムが先に生まれたのかを議論するということは、意味のある触媒活性を持つタンパク質性の酵素が複製体（一般には、RNAやDNAを指すと考えられる）ができるよりも先に生まれ、それが後になって複製体を形成することに結びついたのか（代謝前成説）、それとも複製体が先に生み出され、最初のうちはその複製体の持つ触媒機能の一部を利用することによって複製システムが維持・発展され、後になってその内の一部である触媒機能を酵素へと移し変えることによって、タンパク質を中心とした代謝系が形成され現在に至っているのか（複製前成説）、を議論することだ、ということを確認しておきたいからである。

このように代謝を定義した上で、私たちは「［GADV］-タンパク質ワールド仮説」の立場から、生命の誕生にとって最も重要だったものは、遺伝子が形成されるよりもはるか以前に存在した［GADV］-タンパク質の触媒作用による代謝であり、遺伝子ではないと主張するのである。

もちろん、誤解の無いように言っておきたいが、私たちは遺伝子が重要ではないと言っているわけではない。最初に［GADV］-タンパク質による代謝があり、その代謝系を効果的・安定的に維持するために後になって遺伝暗号や遺伝子が形成されたこと、そして、遺伝子の形成によって、それまで代謝系を顕在化していた［GADV］-タンパク質を再生産し、かつ、より高い機能を持つタンパク質へと進化させることが可能となったのだと言っているのである。したがって、遺伝子は大変重要であるが、生命が誕生するための最初のきっかけとして、遺伝子（複製体）が先に存在したわけではないと主張しているだけのことである。いや、より突っ込んで言うと、遺伝子（複製体）が先に存在しても化学反応を触媒する能力が小さければ、生命の誕生に寄与することは不可能だったに違いないと言っているのである。「RNAワールド仮説」は、意味のあるアミノ酸配列をコードするための機能を持たないか、少なくとも持つことが困難なRNAに根拠を置かざるをえないという弱点を持っているのだ。

## 3-6 「RNAワールド仮説」の問題点をまとめると

ギリシャやインド、中国など、古の哲学者たちから始まって連綿と続けられてきた議論のあげく、現在、最も多くの人に信じられているのはこれまでにも述べてきたようにRNAが遺伝情報機能と触媒機能を併せ持つ唯一の分子であることを根拠に生命はRNAが自己複製によって増殖する世界（RNAワールド）から生まれたとする、「RNAワールド仮説」である。(4、5)

今の生命システムでは、タンパク質はＤＮＡの遺伝情報に基づいて合成される。したがって、ＤＮＡがなければタンパク質を作り出すことができない。それに対して、ＤＮＡはタンパク質（酵素）の働きがあって初めて遺伝的機能を発揮できるので、遺伝子の化学的本体であるＤＮＡが先に存在してもタンパク質がなければＤＮＡの持つ遺伝情報に基づいたタンパク質を作ることはできない。また、仮に、今見られるようなタンパク質が先に存在したとしてもＤＮＡがなければタンパク質を再生することができず、いずれ消失してしまうことになる。このように、ＤＮＡとタンパク質の間には、解決することが極めて困難に思えるいわゆる「ニワトリと卵」の関係が存在する（図19）。

しかし、二〇年ほど前、ＲＮＡにもタンパク質性の酵素と同様の触媒機能を持つもの（リボザイムとも呼ばれる）が存在することが発見された[17]。ＲＮＡ鎖を加水分解するホスホジエステラーゼ活性やヌクレオチドを脱水縮合し、ＲＮＡ鎖を伸長させるＲＮＡポリメラーゼ活性が存在することが知られたのである[5]。

その発見によって、状況は一変した。

つまり、ＲＮＡがＤＮＡとタンパク質の間の「ニワトリと卵」の関係を解決できるかもしれない切り札として登場したのである。なぜなら、ＤＮＡが持つ遺伝的機能とタンパク質が持つ触媒機能を合わせ持つことのできるＲＮＡならＲＮＡ自身がＲＮＡを合成できること、すなわち、自己複製が可能となるに違いないと考えられたのである。もしもＲＮＡが本当に自己複製できるのなら、ＲＮＡ自身が自分の力のみで複製し増殖していた時代が存在し得ること、そして、その後にＲＮＡの持つ遺伝的機能をＤＮＡに、ＲＮＡの持つ触媒機能をタンパク質に譲ったと考えれば、好都合なことに現在のＤＮＡ→ＲＮＡ→タンパク質への遺伝情報の流れを上手く説明できると思われたのである。こうして、ＲＮＡの自己複製に根拠を置いた「ＲＮＡワールド仮説」が提唱された（図20）[4]。

生命の起源における大問題であった「ニワトリと卵」の関係を解決できるかもしれないとの期待もあって、この「ＲＮＡワールド仮説」はあっという間に世界中に広まった。今では「ＲＮＡワールド仮説」とは全く異なる考えを提唱している私でさえ、この「ＲＮＡワールド仮説」が初めて提唱されると、直ちにこの考えを受け入れ、大学の講義の中で紹介したほどである。

先にも述べたように、私たちは必ずしも生命の起源を解明しようとして研究を始めたわけではなかった。しかし、遺伝子の起源についての研究から始め、遺伝暗号の起源、タンパク質の起源、生命の起源へと進む過程で改めてこの「ＲＮＡワールド仮説」を見直してみると、3-4節や3-5節で説明した問題点の他にも、解決困難と思えるいくつもの欠点が「ＲＮＡワールド仮説」には存在することに気がついた[6-10]。本章の最後に、その「ＲＮＡワールド仮説」の問題点を列挙しておこう。

## 1　リボヌクレオチド合成の困難さ

リボヌクレオチド[基本知識4]は核酸塩基（アデニン、グアニン、シトシン、ウラシル）とリボースおよびリ

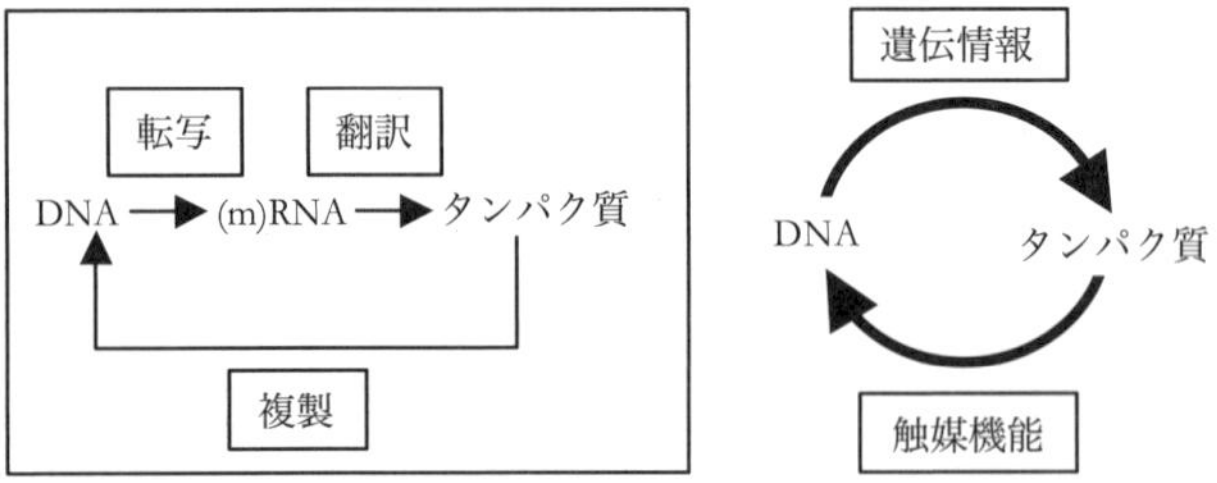


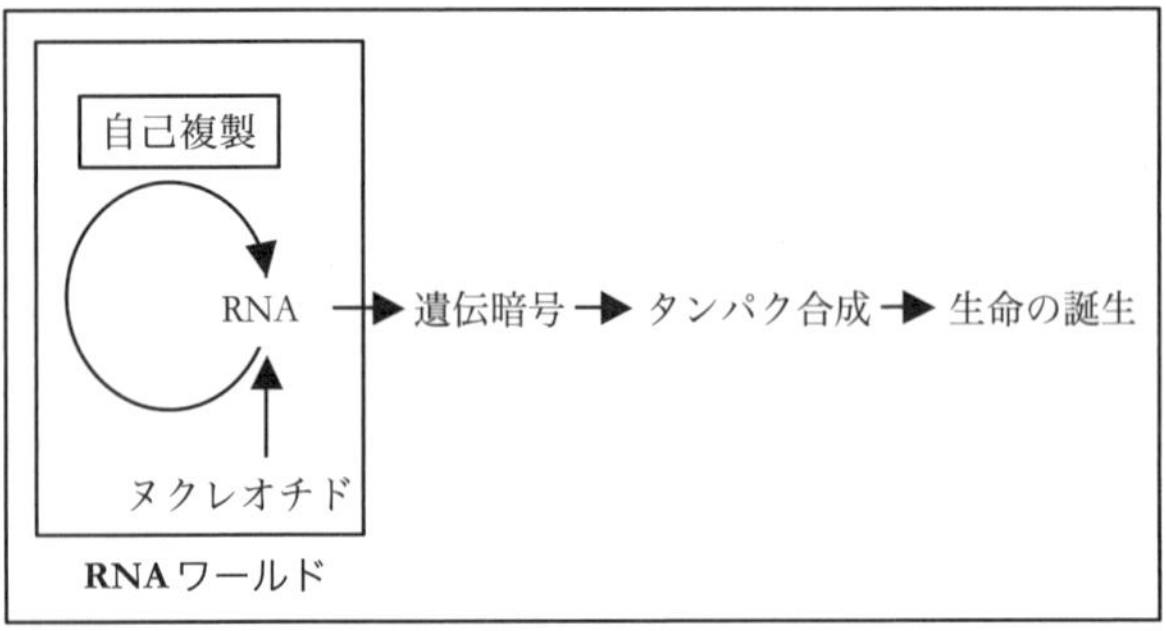


**図 19（上）**●現在の生命システムを直視するとタンパク質は DNA の遺伝情報無しには合成できないし，DNA はタンパク質の作用を受けなければ発現できないという「ニワトリと卵」の関係がある．

**図 20（下）**● RNA ワールド説：本文の中でも述べているように，RNA には触媒活性を持つもの（リボザイム）が存在するとの発見を受けて提案され，現時点では広く受け入れられている生命の起源を説明する考え方．これによれば，生命は RNA が自己複製する世界（RNA ワールド）から生まれたと考えられている．

ン酸が結合したもので、グリシンやアラニンなどのアミノ酸[基本知識2]に比べるとはるかに複雑である。また、現在の代謝経路を見ると、ヌクレオチド内の塩基部分の骨格構造を作るための合成材料としてグリシンやアスパラギン酸が使用されている。これらのことから考えても、簡単な無機化合物と有機化合物から出発し、原始地球環境下でリボヌクレオチドを直接合成することは不可能に近い。

### 2　RNA合成の困難さ

グリシンやアラニンなどのアミノ酸の混合物を繰り返し蒸発・乾涸する。ペプチド結合は、その程度の簡単な操作で容易に形成できる。

それに対して、原始地球環境を模したような条件下で二分子以上のリボヌクレオチドを5'、3'の位置でホスホジエステル結合によって連結させることは、極めて困難である。

### 3　遺伝暗号成立の過程を説明することの困難さ

これまで指摘したことにすべて目をつぶって、とにかく、原始地球でRNAが生成し、自己複製できたと仮定することにしよう。

しかし、そのような状況下でRNAが増殖できたとしても、それが遺伝暗号を成立させ、タンパク質のアミノ酸配列をコードするという意味で遺伝情報を獲得できなければ、増殖できた

ＲＮＡは全く無意味なものとなってしまう。

しかも、遺伝子のコドン位置ごとの塩基組成は特異なパターンとなっている。それにもかかわらず、自己複製機能とタンパク質の配列情報をコードする機能との間には何の関係もない。したがって、自己複製能力を持つＲＮＡが仮にあったとしても、こうして生み出されたＲＮＡが遺伝子としての特異なパターンを持つことは確率的に見てあり得そうもない。遺伝暗号の成立過程については次章で詳しく検討するが、ＲＮＡワールド仮説の立場から遺伝暗号の成立過程を説明することも極めて困難なのである。

## 4　複雑な化合物を基礎に生命の誕生を考えざるをえない

以上の事柄は、結局一言で次のように要約できる。ごく構造の簡単なアミノ酸が先に原始地球上に蓄積していたのは間違いなかろう。にもかかわらず、「ＲＮＡワールド仮説」では、アミノ酸やタンパク質よりもはるかに複雑な構造のヌクレオチドやＲＮＡに根拠を置いて生命の起源を論じなければならないのだ。

以上のように、タンパク質の働きを無視した「ＲＮＡワールド仮説」には生命の起源を論ずる上で解決が困難と思える多くの問題点を抱えている。それに対して、「［ＧＡＤＶ］-タンパク質ワールド仮説」の立場からなら、生命誕生への歩みを順序だって考えることが可能である。この点を第４章以下で説明することにしよう。

# 第4章 生命誕生への確かな歩み——GNC原初遺伝暗号の成立

## 4-1 ヌクレオチドの合成

それでは「[GADV]-タンパク質ワールド仮説」の立場に立って、一歩議論を前に進め、生命が誕生するまでの歩みを考えることにしよう。

擬似複製によって多様な構造と機能を持つ［GADV］-タンパク質が増えていくと、それまでの時期、つまりタンパク質性触媒の存在しない頃とは比べようもない程の高度な化学反応系が形成されていくはずではある。なぜなら、［GADV］-タンパク質が高い触媒作用を発揮するため、アミノ酸やタンパク質の合成が、より効果的な化学合成反応として行われたと考えられるからである。もちろん、この時点では生命の誕生が見られたとは言えず、原始的な酵素を活用したある種の化学進化の一時期だったに過ぎない。

しかし、重要なことは、この［GADV］-タンパク質ワールドが存在したからこそ、生命の誕生に必要なヌクレオチドを含む多様な有機化合物の合成が可能だったということである。原始地球上に蓄積した多様な［GADV］-タンパク質が、ヌクレオチド合成などを含む様々な化学反応を触媒したに違いない。少なくとも、ヌクレオチドを化学進化的に、そして、タンパク質性触媒の存在しない中で合成するよりも、はるかに容易な合成経路を確保できたはずである。

こうして、［GADV］-タンパク質の働きの中でオリゴヌクレオチド（一本鎖のヌクレオチド）の合成も可能となったのであり、遺伝暗号として機能する三塩基（GACやGUC、GGC、GCCなど）の蓄積が進んだのだと推定される。

## 4-2 GNC原初遺伝暗号の成立

このようにGNCを含むオリゴヌクレオチドの蓄積が進むにつれて、今で言うアンチコドン（または、コドン）に相当するGAC（GUC）やGGC（GCC）、GUC（GAC）、GCC（GGC）を中心とするオリゴヌクレオチドと［GADV］-アミノ酸（バリン、アラニン、アスパラギン酸、グリシン）との間で立体化学的な対応関係が成立し、最初の遺伝暗号が確立された（図21）というのが、私たちの考えである。

本当にGNCなどのオリゴヌクレオチドと［GADV］-アミノ酸との間で化学的な対応関係が成立したのかについては、実験によって確認することが必要である。しかし、宇宙科学研究所（現在の宇宙航空研究開発機構宇宙科学本部）の清水幹夫は、テトラヌクレオチドとアミノ酸との間に特異的な結合が見られたこと、そして、オリゴヌクレオチドとアミノ酸とが立体構造を介して特異的に結合することに根拠を置いた遺伝暗号の起源に関するC4N説を提唱している。[18] したがって、GNCを含む四種のオリゴヌクレオチドと［GADV］-アミノ酸とがそれぞれ特異的に結合することは十分に可能であると考えられる。私たちも清水が考えたような特異的結合を通じて最初の遺伝暗号が成立したのだと推定している（図21）。

それでも、遺伝暗号として機能するためには、単にそれぞれのアミノ酸とGNCを含むオリゴヌクレオチド（原始tRNA）との間で特異的な結合が作られるだけでは不十分で、［GADV］-タンパク質の合成が遺伝暗号の成立以前よりも効果的に実行できなければ無意味である。したがって、オリゴヌクレオチドとアミノ酸の複合体が、同時にアミノ酸をタンパク質合成にとって有利なように集積させたに違いない（図21）。

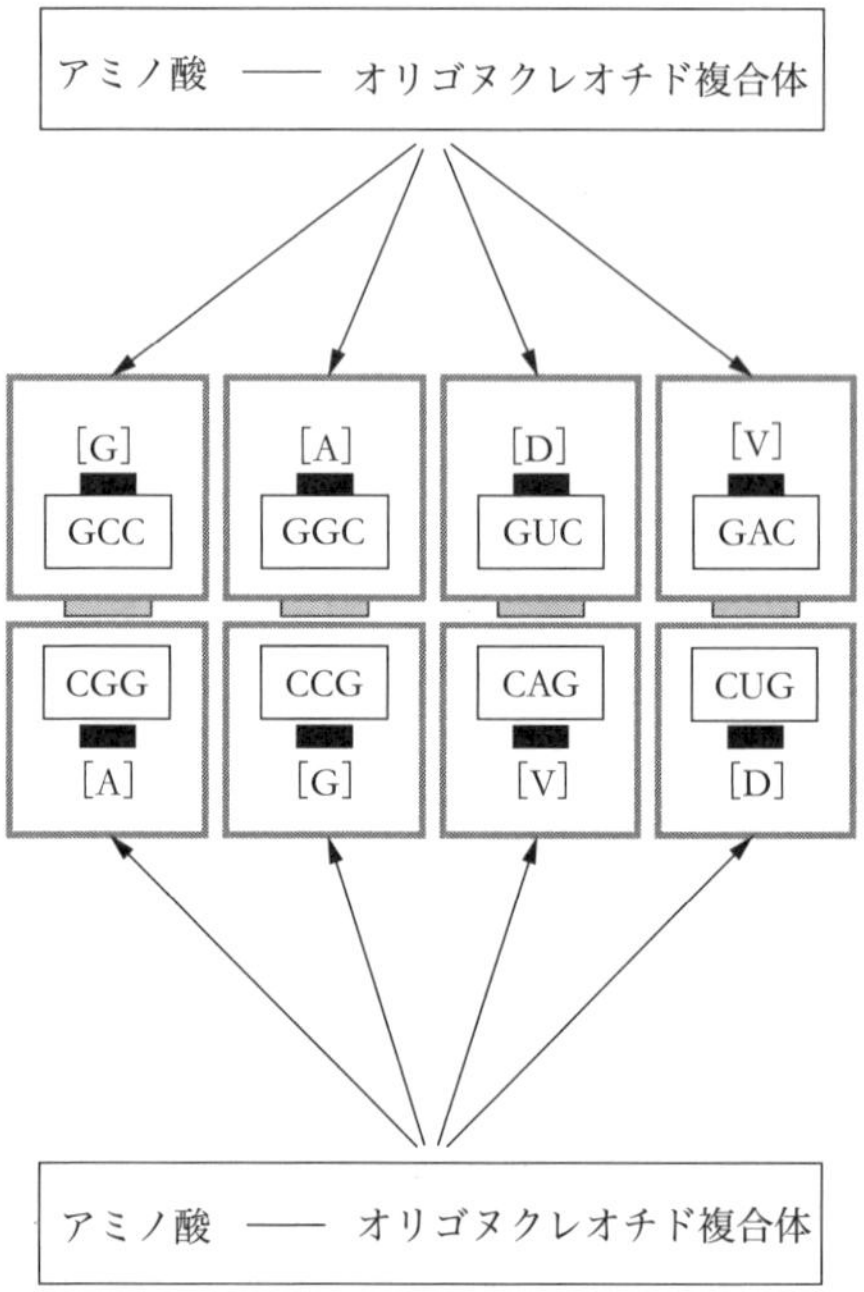


**図 21**●遺伝暗号の成立：最初の遺伝暗号であるGNC原初遺伝暗号は[GADV]-アミノ酸とGNCを含むオリゴヌクレオチドとの特異的な結合（黒の四角）を介して成立した（グレーの枠）と考えられる．その際，相手側にはオリゴヌクレオチド間の特異的相互作用（グレーの四角）を通じて相補的な塩基対を形成し，アミノ酸とオリゴヌクレオチド複合体（グレーの枠）が位置したのだろう．このことは，同時に一方がtRNAのアンチコドンとしての役割を演じ，他方がmRNAのコドンの役割を演じたと推定される．

## 4-3
# GNC原初遺伝暗号とRNA

遺伝暗号の成立過程にはまだ不明な点も多い。その内の一つは、アミノ酸をコードするのに使用されたものが、なぜ、オリゴヌクレオチドだったのかという点である。[GADV]-アミノ酸と特異的に結合する有機化合物がオリゴヌクレオチド以外にも存在した可能性も考えられるからである。

なぜアミノ酸と特異的に結合できる化合物でありながら、(オリゴ)ヌクレオチドではない化合物が遺伝暗号として採用されなかったのか。私は、遺伝暗号の成立時点で、生命の誕生に至る歩みを進めるためには、塩基対形成を通じて互いに二重鎖を形成することがすでに要求されていたからだ、と考えている。言い換えれば、オリゴヌクレオチドとアミノ酸の間の特異的結合が遺伝暗号の形成に結びついたのは、両者の間での特異的認識力ばかりではなく、後の生命現象、すなわち、(1)tRNAとmRNAの関係を利用するタンパク質合成や(2)二重鎖RNA(または、二重鎖DNA)の塩基配列をmRNAへと転写する過程、(3)二重鎖RNA(または、二重鎖DNA)間の塩基対形成を通じて行われる複製、などのようにオリゴヌクレオチド相互の間での少なくとも部分的な二重鎖形成の能力が後に複製可能な遺伝子として機能できるよう、前もって要求されていたためではないだろうか。

だからこそ、次章の冒頭で説明するように、GNCを含むオリゴヌクレオチドがGACとGUC、

GGCとGCC、GUCとGAC、GCCとGGCとの間での塩基対形成を通じて最も原始的なmRNA（コドン）とtRNA（アンチコドン）の関係を生み出すことにつながった可能性が大きい（図22A　95ページ）。そしてそのことが次の段階で二重鎖構造を持つ最も初期のRNA遺伝子を生み出すきっかけとなったのだと思われる（図22B　95ページ）。

そういう意味で、RNAがオリゴヌクレオチドとアミノ酸、そして、オリゴヌクレオチド間の特異的相互作用を持ち得たことは、生命の誕生に至るいくつかの事象の中でも極めて大きな事柄の一つだったのだ。

## 4-4 GNC原初遺伝暗号とペプチド合成

次に、アミノ酸とアミノ酸を連結させるという意味でのタンパク質合成のシステムが、どのようにして形成されたのかを考えることとしよう。

これまでにも説明してきたように、初めて［GADV］-タンパク質の合成が行われた頃は、蒸発・乾涸などの自然の作用によってアミノ基とカルボキシ基が、直接的にアミド結合を形成した（ペプチド合成と化学的には同じ）にしかすぎなかった。また、多様な有機化合物が周辺に存在した状況下では、アミノ酸だけを連結させることは不可能で、周辺に存在した多様な化合物をペプチド結合以外の結合で巻き込みながら進行した重合反応であったに違いない。したがって、蒸発・乾涸などの自然の作用によって作られる［GADV］-タンパク質は、グリシン、アラニン、アスパラギン酸、バリン以外にも、当時の原始地球上にすでに蓄積していた様々な有機化合物をも取り込んだ複雑な組成のものであったはずである[7、10]。

にもかかわらず、私が［GADV］-タンパク質がこの四種のアミノ酸を中心に形成されていたと考えるのは、分子内にアミノ基が正電荷を、カルボキシ基が負電荷を持っていたため、両者の間で静電気的な引力が働きペプチド結合の形成が他の化合物との結合よりも優先的に行われたと推定するからである（2-2節）。しかしそれにしても、遺伝暗号の下で行われる有効なペプチド合成を触媒するタンパク質が出現するまでは、［GADV］-タンパク質の中にアミノ酸以外の様々な有機化合物が含まれることは避けることのできない状況だったに違いない。

しかし、このような多様な成分を含むものではあっても、当時の［GADV］-タンパク質は、四つのアミノ酸間でのペプチド結合の形成反応を優先的に触媒できたはずである。このことを確かめるため、私たちは、次のような実験を行った。まず、グリシン、アラニン、アスパラギン酸、バリンの四種のアミノ酸の混合水溶液を塩化銅存在下で繰り返し蒸発・乾涸した。

こうして作成した試料は蒸発・乾涸を繰り返す毎に徐々に強い黄緑色の蛍光を発するようになった。

このことは［ＧＡＤＶ］-タンパク質が、アミノ酸の環状化合物であるジケトピペラジンのような化合物も巻き込んで形成されているに違いないことを意味している。しかし、このようなタンパク質にも、牛血清アルブミン内のペプチド結合を切断する活性が存在することを、私たちは実験によって確認することができた[10]。

この実験結果から、［ＧＡＤＶ］-タンパク質がペプチド結合の形成反応を触媒できるという結論を導くことができる。なぜなら、正反応の反応速度を上げることのできる触媒は、元来、局所的な可逆反応を連続的に逆にたどることによって逆反応も触媒できるからである。

「擬似複製」によって［ＧＡＤＶ］-タンパク質が十分に蓄積し、［ＧＡＤＶ］-タンパク質ワールドが確立した頃になると、［ＧＡＤＶ］-タンパク質によって［ＧＡＤＶ］-アミノ酸を優先的に連結させる反応（ペプチド結合の形成）が起こったことは、容易に推測できる。ペプチド結合を優先的に触媒できたということは、不純物を余り含まない、より純粋な［ＧＡＤＶ］-タンパク質の形成が見られたということである。しかし、この時点での反応は、その時点までに化学進化的に原始地球上に蓄積されていた2-アミノ酪酸などいわゆる（現在の地球上で言う）「天然のアミノ酸」以外のアミノ酸やカルボキシ基を持つ有機酸、アミノ基を持つアミンなどとの間での、アミド結合も形成した可能性が考えられる。この状況を克服し、［ＧＡＤＶ］-アミノ酸のみからなる［ＧＡＤＶ］-タンパク質の合成が可能となるには、ＧＮＣ原初遺伝暗号の成立が必須であり、その意味では、［ＧＡＤＶ］-タンパク質による擬似複製と同様、ＧＮＣ原初遺伝暗号の成立は生命の誕生に向かうさらに大きな一歩となった。

そこで以下では、ＧＮＣ原初遺伝暗号の成立によって、ペプチドやタンパク質の合成がどのように変化したのかを考えることにしよう。

ＧＮＣ原初遺伝暗号が成立した以前と以後とで明らかに異なるのは、［ＧＡＤＶ］-タンパク質の合成の方法である。アミノ酸を選択し、選択したアミノ酸間でペプチド結合を形成することが遺伝暗号の役割のはずである。したがって、形成された遺伝暗号がどんなに単純なシステムであっても、重合反応にＧＮＣがコードする［ＧＡＤＶ］-アミノ酸以外の有機化合物が使用されることはなく、四種の［ＧＡＤＶ］-アミノ酸をペプチド結合だけでつなげた純粋の［ＧＡＤＶ］-ペプチドが生成されたと考えられよう(10)。

そこで、私たちは［ＧＡＤＶ］-アミノ酸のみからなる［ＧＡＤＶ］-タンパク質にもペプチド結合の形成反応を触媒できる活性が存在するのかどうかを確かめる実験を行うこととした。そのため、ペプチド合成機によって合成した純粋な［ＧＡＤＶ］-タンパク質（純粋な［ＧＡＤＶ］-ランダム八量体ペプチドの会合体）にも牛血清アルブミン内のペプチド結合を切断する活性があるのかどうかを調べた。その結果、［ＧＡＤＶ］-ランダム八量体ペプチドには、蒸発・乾涸によって作成した（いわば不純な）［ＧＡＤＶ］-タンパク質よりも大きな活性のあることが分かった。つまり純粋な［ＧＡＤＶ］-タンパク質にもタンパク質合成を触媒する十分に大きな活性の存在することを示している。なぜなら、先に述べたように、ペプチド結合の加水分解反応を触媒できるものは、その逆反応によって合成反応も触媒できるからである。また、不純な［GADV］-ペプチドよりも、（純粋な）［GADV］-ランダム八量体ペプチドが互いに会合することによって形成された複合体の方がより強い活性を持っていたという実験事実は、GNC原初遺伝暗号の成立後は、その成立以前よりもさらにしっかりと［GADV］-タンパク質ワールドを維持できたはずであり、生命の誕生に向かってさらに大きく前進することができたことを意味している。

もっとも、GNC原初遺伝暗号が成立した後であっても、有効な遺伝子が形成されるよりも以前に行われるタンパク質合成では［GADV］-アミノ酸をランダムに連結するしか方法がなかった。アミノ酸のランダムな連結でありながら、［GADV］-タンパク質が十分に高い活性を得ることができたのは、2-3節で説明したように、四種の［GADV］-アミノ酸のそれぞれがα-ヘリックス（アラニン）、β-シート（バリン）そしてβ-ターン（グリシン）の三つの二次構造形成能を分け持っていること、さらに疎水性アミノ酸（バリン）と親水性アミノ酸（アスパラギン酸）を含む見事な組み合わせとなっていることがその理由であろう（表3 52ページ）。そのため、ごく幼稚なタンパク質だったとしても現在の生物が使用している二〇種のアミノ酸からなる機能性の高いタンパク質と基本的には同じ水溶性で球状のタンパク質を高い確率で形成できたと推測できるのである。[9]

もちろん、遺伝子の不在下に機能性の高いタンパク質が得られたとしても、遺伝子が存在しないかぎり、その有効なアミノ酸配列を維持することも、その配列を修正することによってより高い活性を持つタンパク質へと進化させることもできなかった。そういう意味で、遺伝子の獲得は［GADV］-タンパク質の擬似複製やGNC原初遺伝暗号の確立が生命誕生への大きな一歩となったのと同様、生命が進化する手段を獲得したという意味から、極めて大きな出来事の一つだった。次章では、このことについて考えてみよう。

# 第5章 生命の誕生へ――(GNC)$_n$原初遺伝子と生命の基本システムの形成

## 5-1 (GNC)$_n$ 原初遺伝子の形成

4－2節で説明したように、GNC原初遺伝暗号が成立した時点で、GNCが一列に並ぶという性質も同時に備わっていたに違いない。この性質、すなわちランダムにではあるがアミノ酸とGNCとの複合体を一列に並置するという性質を利用することによって、[GADV]-タンパク質の合成をさらに円滑に進めることが可能となった。その際、複合体を一列に並置するにあたっては、GNCの5'末端側の塩基配列と隣のアミノ酸-GNC複合体の3'末端側の塩基配列との間の塩基対形成などが関与したのだと思われる。しかし、GNC原初遺伝暗号が成立した時点では遺伝暗号同士が共有結合を通じて連続的に結合されたものではなかったから、それをｍＲＮＡと呼ぶことも遺伝子とみなすこともまだできるものではなかった。

そこで次の段階として、ＧＮＣの両端側の塩基配列を通じてＧＮＣが縦列に並置されるという性質を利用しながら、ＧＮＣが直接、隣のＧＮＣと共有結合でつながれる状態を考えよう。これを繰返えせば、出来上がるのは一本鎖のＲＮＡとなる。すなわち、遺伝子としての形を整えられるではないか（図22Ａ）。そして、このようにＧＮＣとＧＮＣをランダムに共有結合でつなぐ働きを持つ［ＧＡＤＶ］-タンパク質が、最も初期の遺伝子を形成する酵素「ＧＮＣポリメラーゼ」となったのだろう。

ＧＮＣの繰り返しからなるこの最初の「(ＧＮＣ)$^n$遺伝子」は、一本鎖のＲＮＡであり、まだ複製できる状態にはなかった。それでも、部分的な二重鎖の形成を通じて、ｔＲＮＡの原型であるＧＮＣを含むオリゴヌクレオチドをアミノ酸と共に一本鎖の上に縦列に並置させるには、十分に有効であった。つまり、一本鎖のＲＮＡを遺伝子としていた時期は、今で言うｍＲＮＡに相当するものがそのまま遺伝子（ｍＲＮＡ型の遺伝子）としての機能を発揮していた時期なのではないだろうか（図22Ａ）。しかし、一本鎖のＲＮＡでは複製することができない。そのため、アミノ酸配列の変化を通じてより有効なそしてより高い活性を持つタンパク質を合成するように進化することは不可能だった。少なくとも二重鎖のＲＮＡゲノムが生み出されるまでは突然変異の蓄積とその選択によるアミノ酸配列の修正という意味での進化は起こらなかった。しかし、一本鎖ＲＮＡとアンチコドン二つのＲＮＡ分子間で部分

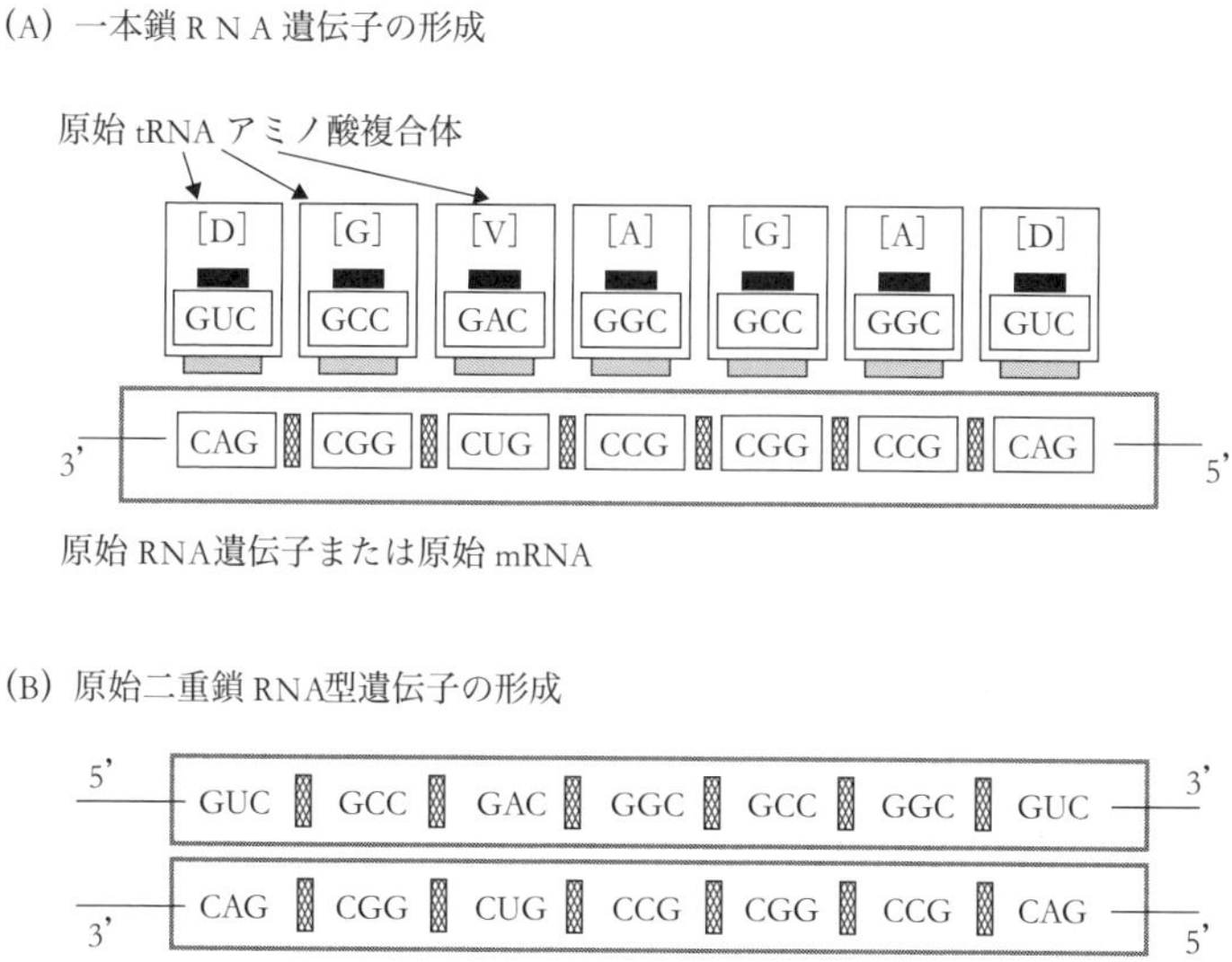


**図22**● (A) 一本鎖RNA遺伝子 (mRNA) の形成： 遺伝暗号の成立のところで述べたように，オリゴヌクレオチドと [GADV]–アミノ酸間 (黒四角)，およびオリゴヌクレオチド間 (グレーの四角) での特異的相互作用が [GADV]–タンパク質の効率的合成を可能とした (図21)．次の段階に非対称な関係が生まれ，一方は，原始tRNAのアンチコドンとなり，他方はコドンがホスホジエステル結合によって連結され (▩印の四角)，一本鎖のRNA型遺伝子 (グレーの枠内) へと進化したと考えられる．(B) 二重鎖RNA遺伝子の形成：次に，両鎖共にコドン間およびアンチコドン間で連結されることによって二重鎖RNA型遺伝子が形成されたと考えられる．したがって，二重鎖構造のRNAが遺伝子としての機能を獲得するまでの間は，最も初期の遺伝子 (A) は今で言うmRNAに相当するものだった．

的だったにせよ二重鎖構造を取りえたことが、次の二重鎖ＲＮＡ遺伝子の形成につながったに違いない（図22Ｂ）。

また、一本鎖のＲＮＡの時代であっても、二重鎖ＲＮＡに進化した後でも、図23を見ても分かるように、ＧＮＣのランダムな繰り返し配列がコードする四種の［ＧＡＤＶ］-アミノ酸からなる単純なタンパク質でも水溶性で球状のタンパク質を形成できた可能性が高い。なぜなら、現存のタンパク質では、疎水性・親水性パターンについても、α-ヘリックスとβ-シート構造などの二次構造に関しても、適度に混じり合ったものとなっているが、ランダムな［ＧＡＤＶ］-タンパク質は、タンパク質の構造形成に関する四つの条件を満足できるため、同様の構造を取り得たに違いないからである。このことは、［ＧＡＤＶ］-タンパク質が高い確率で機能を発揮できた可能性の大きいことを示しており、このような性質が、生命誕生への歩みにとっては特に大きな意義を持ったのだ。

## 5-2 原初タンパク質合成系の成立

［ＧＡＤＶ］-タンパク質が形成された時期と、最初の遺伝暗号であるＧＮＣ原初遺伝暗号が成立した時期との間の時期においては、単に［ＧＡＤＶ］-タンパク質による［ＧＡＤＶ］-アミノ酸間での直

ランダムなGNC繰り返し配列（$(GNC)_n$）がコードする仮想的なタンパク質のアミノ酸配列とその二次構造予測結果

ggcgccgtcgtcgtcggcgacgccgccgtcggcgtcggcgtcgacggcgtcggcggcgac

G A Ⓥ Ⓥ Ⓥ G D A A Ⓥ G Ⓥ G Ⓥ D G Ⓥ G G D

C E E E E E H H H H H H C C C C C C C C

ggcgtcgtcggcggcggcggcgacgacgacggcgtcgacgtcgacgccgccggcgccgcc

G Ⓥ Ⓥ G G G G D D D G Ⓥ D Ⓥ D A A G A A

C C C C C C C C C C C H H H H H H H H H

gccggcgtcggcgccgtcgtcgccgtcgtcgccggcggcgtcgtcgtcggcgacgccgtc

A G Ⓥ G A Ⓥ Ⓥ A Ⓥ Ⓥ A G G Ⓥ Ⓥ Ⓥ G D A Ⓥ

H C C C E E E E E E E E E E E E C C E E

gtcgtcggcgtcgacgacggcgacgccgtcgacgacgacggcgtcggcgacgccgacgac

Ⓥ Ⓥ G Ⓥ D D G D A Ⓥ D D D G Ⓥ G D A D D

E E E E C C C C C C C C C C C C C C C C

ggcgacggcgacggcgacgccggcggcgccgccgtcggcgacgtcggcgacgtcggcgtc

G D G D G D A G G A A Ⓥ G D Ⓥ G D Ⓥ G Ⓥ

C C C C C C C C C H H H H H H C C E E E

**図23** ●コンピューターによって発生させたランダムな$(GNC)_n$（1行目：小文字）がコードする仮想的な[GADV]−タンパク質のアミノ酸配列（2行目）。○印は疎水性アミノ酸，下線は親水性アミノ酸を意味している。3行目はChou-Fasman法によって推定した[GADV]−タンパク質の二次構造予測の結果である。ただし，H, E, Cはそれぞれ，$\alpha$−ヘリックス，$\beta$−シート構造，コイル（$\beta$−ターン）を示す。初期の$(GNC)_n$はRNAであったが，後期の$(GNC)_n$はDNAであった可能性が大きい。この図では$(GNC)_n$がDNAであった時期を想定して，u（ウラシル）ではなくt（チミン）で塩基配列が書かれている。

接的なペプチド結合の形成でしかなかった。しかし、［GADV］-タンパク質がペプチド結合を触媒できたことや［GADV］-タンパク質がGNCを含むオリゴヌクレオチドの合成を触媒できたはずであることを考えると、［GADV］-タンパク質自体にアミノ酸やヌクレオチドとの結合能力が備わっていたに違いない。したがって、GNC原初遺伝暗号が成立して以降の時期になると、［GADV］-タンパク質がヌクレオチドと結合できる性質を基に、［GADV］-タンパク質を中心にアミノ酸とヌクレオチドの間にエステル結合を生成できる原始アミノアシル tRNA合成酵素も生まれたのだろう。この時にも［GADV］-タンパク質がエステル結合を形成するための原始的な酵素として中心的な役割を演じたはずである。

そして、徐々に［GADV］-タンパク質の合成システムが整備され、高分子性の［GADV］-タンパク質が大量に生産されるにつれて、タンパク質とタンパク質、タンパク質とオリゴヌクレオチド、そして、オリゴヌクレオチド間での特異的結合を通じて原始的なリボソームの形成も起こったと考えられる。

したがって、原始リボソームは塩基対形成を通じて、原初 mRNA（コドン）や原初 tRNA（アンチコドン）を結合させるRNA（原初 rRNA）、その原初 rRNAと結合できる［GADV］-タンパク質を中心に形づくられていたと推定できる（図24）。

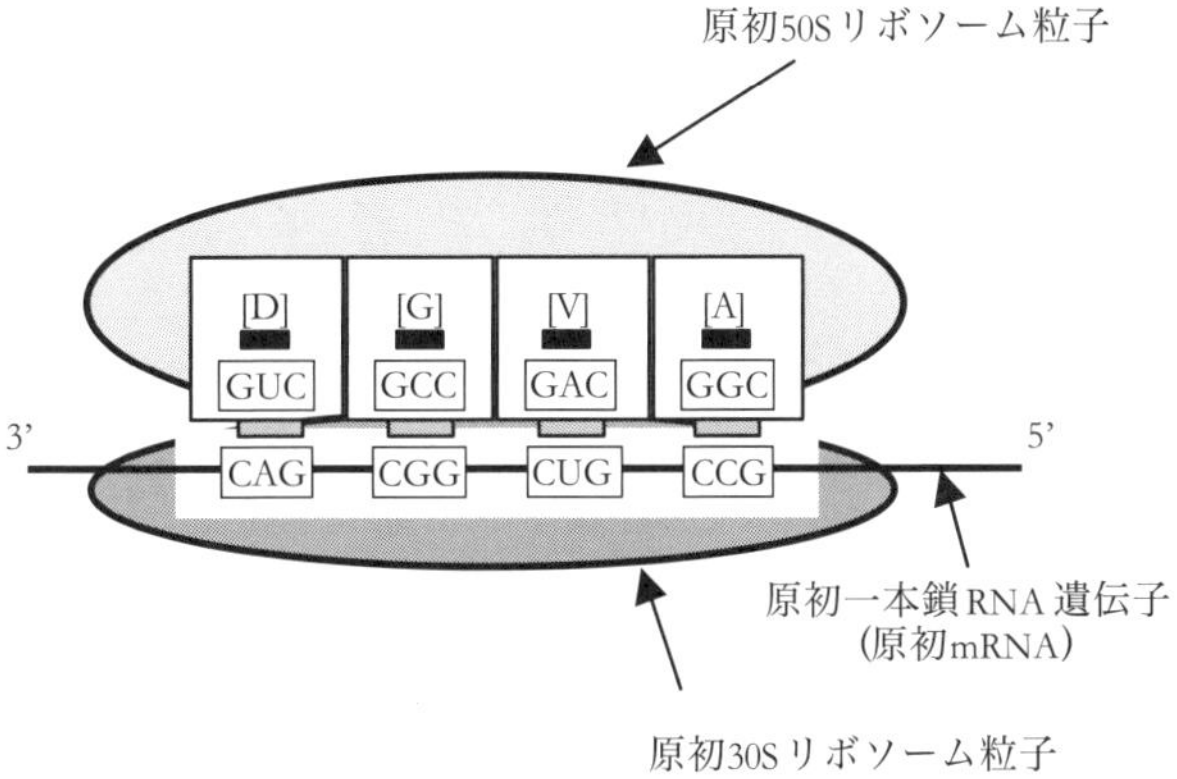


図24●タンパク質合成系の成立：図21や22のところで説明したように，RNAとアミノ酸（黒四角），RNA-RNA（グレーの四角）での特異的相互作用が遺伝暗号や最も初期のRNA遺伝子の成立に重要な役割を演じたと考えられる．それと同時に，いつかの時点でオリゴヌクレオチドとアミノ酸，オリゴヌクレオチド間の相互作用を助けるための[GADV]-タンパク質が重要な役割を演ずる時期を迎えたに違いない．この補助的なタンパク質がその中に含まれるRNAなどの機能とも共同し，初期の原初30Sリボソーム（濃いグレーの楕円）や原初50Sリボソーム（薄いグレーの楕円）を形成したと推定することができる．

# 5-3 原始的細胞膜構造の形成とその進化

タンパク質や遺伝子はそれらがいかに単純なものであっても、生命が生まれるためには必須のものである。しかし、生命が誕生するためにはタンパク質や遺伝子だけでは不十分である。生命が誕生するためのもう一つの重要な要素は、有効な化学反応を効果的に行うため、そして、生命活動を営むための必要な化学物質を一つの閉じられた空間内に確保するための細胞膜の存在である（図25）。そこで、以下では最初の細胞膜がどのようにして形成されたのかについて考えてみることにしよう。

現在の地球上に棲む生物が持っている細胞膜は、リン脂質の二重層を中心としており、その脂質二重層内にタンパク質が全体として埋め込まれていたり、その周辺部にタンパク質が部分的に埋め込まれた状態となっている（図25B）。しかし、この細胞膜についても、最初のそれ（細胞膜の原型）は［GADV］-タンパク質が集合することによって形成されたタンパク質膜であった、と私たちは考えている（図25B）。なぜなら、細胞膜は、単に閉じた空間の中に必要な化学物質を封じ込めておくためだけのものではなく、細胞の外から細胞内部へ、また、細胞内から細胞外へと必要に応じて化学物質を透過させることができるようになっていなければならないからである。

もし、最初の細胞膜がタンパク質を含まないリン脂質分子のみで形成された脂質膜であったとする

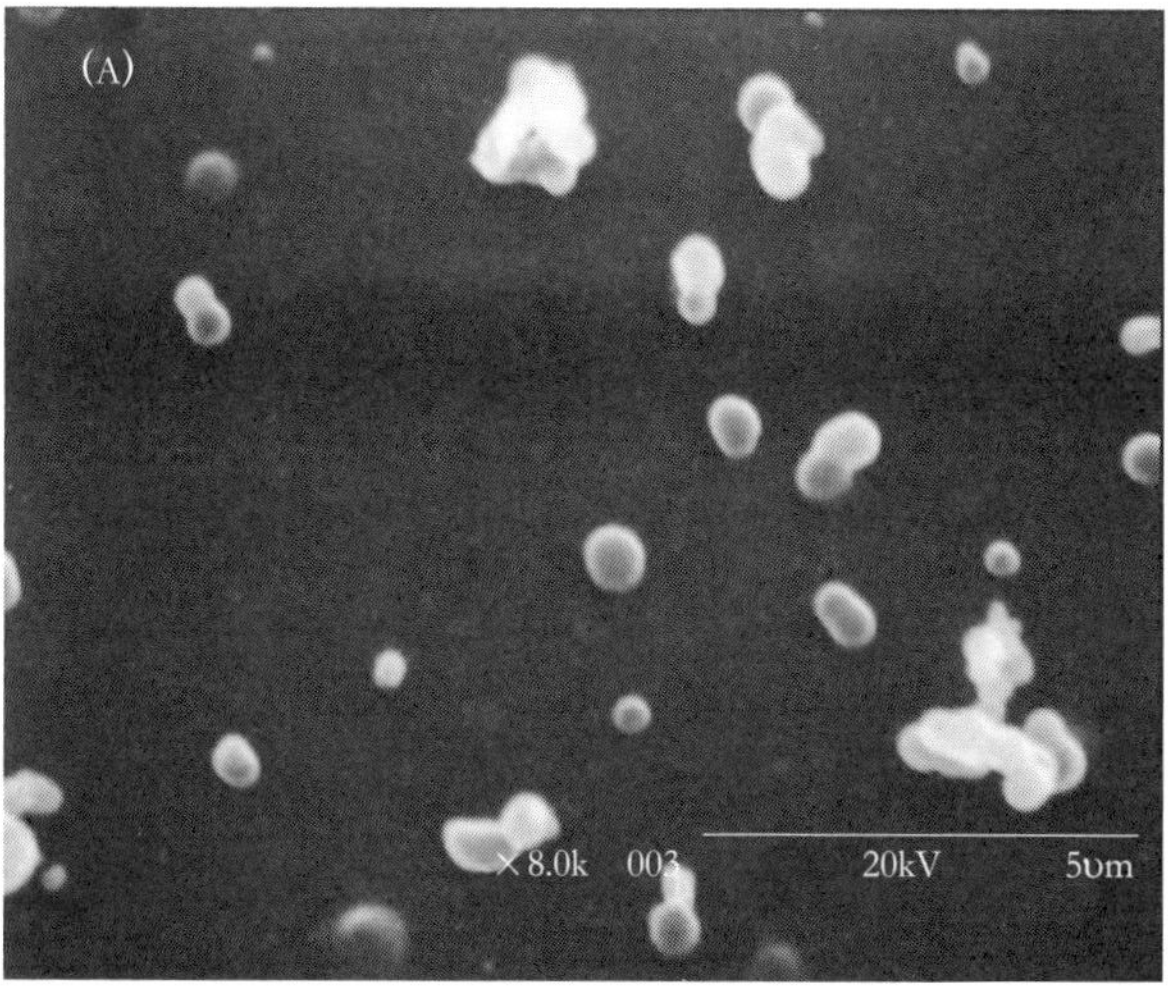


(B) リン脂質二重層（左）と[GADV]-タンパク質膜（右）

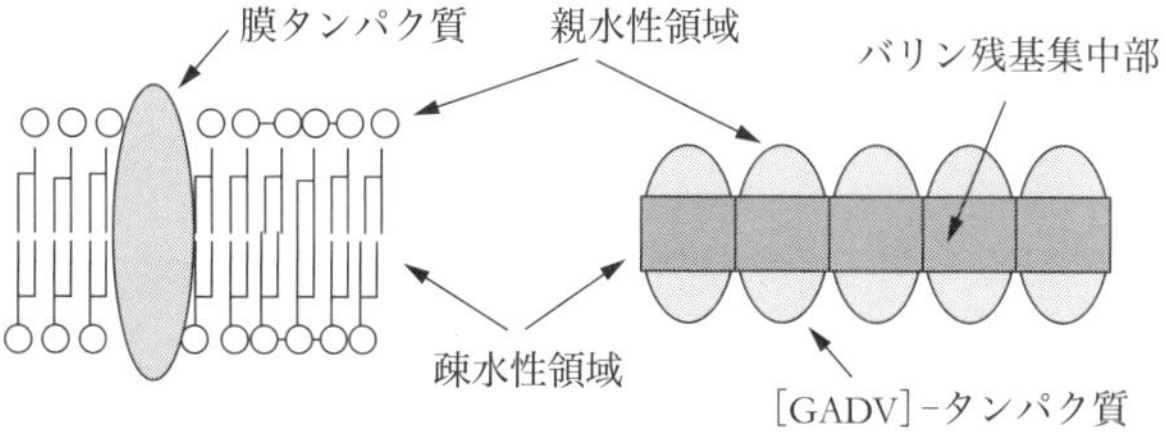


図25 ● (A) 蒸発・乾涸を繰り返すことによって作成した[GADV]-タンパク質からなる細胞様の構造体の走査型電子顕微鏡写真[10] (B) 現在の細胞膜は左図のようにリン脂質を中心とした二重膜であるが，生命誕生の最も初期の細胞はこの写真(A)や右図に見られるようなタンパク質膜で取り囲まれていた可能性が大きい．

と、脂質分子が形成する疎水性領域を親水性化合物が通過できなくなる。そのため、脂質分子のみで出来た細胞は、生物が生きていくために必要な親水性化合物を外部から内部に向かって透過させることもできないし、不要となった親水性化合物を細胞膜から細胞外へ排出することもできなくなる。

また、脂質を合成するということは、酸化された状態のつまりエネルギーの低い化合物からより還元された状態のエネルギーの高い化合物へと合成することである。したがって、脂質合成はエネルギー的に見ても不利な反応であろう。したがって、脂質が化学進化によって原始地球上に最初から用意されていたとは考えにくい。このことは、現在の生命体が持っている脂肪酸合成酵素系の複雑さを見ても明らかだ。

以上のようなことを考えると、最初の生命体が使用していた細胞膜は単に脂質分子だけでできたものではなかったはずである。また、現在の細胞が細胞膜を通じて化学物質を輸送する際に使用しているのは、いずれの場合もタンパク質である。また、四種の［GADV］-アミノ酸の等量混合物を繰り返し蒸発・乾涸することによって形成した［GADV］-タンパク質の溶液を走査型電子顕微鏡によって観察したところ、大きさが不揃いの球状の構造物（細胞様の構造：マイクログラニュール）を確認することができた（図25A）。このように、確かに［GADV］-タンパク質が膜構造を形成できることから考えると、最初の細胞膜が［GADV］-タンパク質膜であったと考えるのは妥当なことであろう[19]。

したがって、最初の生命体は［GADV］-タンパク質膜に囲まれた中で、生命活動の一歩を踏み出したに違いない。そして、後になって［ＧＡＤＶ］-タンパク質による脂質合成系の整備が進み、脂質分子が合成されるにつれて、少しずつ脂質分子が［ＧＡＤＶ］-タンパク質膜内のバリンの側鎖を中心として形成された疎水性領域（図25Ｂ）に挿入されたのだと推定される。

こうして、原初的細胞内の膜タンパク質自体の機能が進化したことや、細胞膜内に脂質分子が徐々に取り込まれ［ＧＡＤＶ］-タンパク質膜の流動性が増したことなどが重なりあって、細胞膜の機能も高まっていったに違いない。その長い膜進化の結果、［ＧＡＤＶ］-タンパク質を中心に形成された原初細胞膜から、今では脂質分子の含有率の方が大きな高機能性の細胞膜へと変化したのだと考えられる。

## 5-4 代謝系の起源を考える際の難しさ

次に、生命の誕生にとってもう一つの重要な要素、すなわち、原初代謝系とはどのようなもので、それがどのように形成されたのかを考えることにしよう。

原初代謝系を推定するには、3-5節で述べたような代謝の定義に関する問題の他にも、以下に示すようにいくつかの困難な事柄が存在する。

その一つは、いかに原始的な代謝系であっても、代謝系としての有効な機能を持つ以前に、原始地球上には化学進化的に（つまり無生物的に）蓄積された有機化合物がすでに存在していたということである。したがって、最も初期の代謝系は、それが形成される以前に無生物的に蓄積された化合物を利用したはずである。言い換えれば、代謝系の形成が代謝系によらない化学物質を利用することによって行われたわけで、そうすると、どこからが代謝系の始まりなのか、区別が困難となってしまうのだ。もう少し時間が経って、［GADV］-タンパク質ワールドや原初代謝系が形成された後のことを考えよう。この時点でも、原初代謝系によって必要な化合物が新たに合成され使用されたのと同時に、やはりそれまで原始地球上に蓄積されていた（無生物的に合成された）化学物質を利用したはずだ。原初代謝系が形成されるにつれて、それまでに蓄積されていた化学物質が枯渇するのと入れかわりに、代謝系を通じて新たに合成された化学物質が使用されるというように、徐々に交換が起こったのに違いない。しかし、どの時点まで、それまでに蓄積されていた化学物質を使い、どの時点から原初代謝系によって形成された化合物を使用したのかについても、これまた区別が困難なのである。

もう一つ、原初代謝系の起源と進化を考える上で困難な事柄は、原初代謝系の痕跡が、今では全く失われてしまっているだろうということである。現時点で生きている生物は、二〇種のアミノ酸からなる高い機能を持つタンパク質を代謝経路上の酵素として使用している。それに対して、初期の代謝系では、これまで説明してきたように、［GADV］-タンパク質など少数種のアミノ酸で構成されたタンパク質酵素が形成され使用されていた。もちろん当時のタンパク質酵素は、それ自体生命を生み出し、代謝系を進化・発展させる上で十分な高さの機能を持ってはいた。しかし、現在の二〇種のアミノ酸からなるタンパク質と比較すれば、はるかに低い機能しか持ち得なかったことも間違いがない。したがって、原初代謝系で使われていた酵素はいつかの時点で現存の生物種が使っている、より高い機能を持つ酵素群と置き換わり、当時のものとは全く異なってしまっている。したがって、古い時代の代謝系ほど、現在では消滅しており（それを以下では消滅代謝経路と呼ぶ）、今となってはその解析はほとんど不可能である。

また、酵素タンパク質の機能の増大と並行して、ある目的の化合物を合成するために使用していたそれまでの化合物（基質）よりも、その目的の化合物を合成するためにより使いやすい化合物（基質）の蓄積も起こったであろう。そのため、元の合成経路よりもはるかに効率的な代謝経路が新たに形成されることも度々起こったに違いない。そのような場合には、酵素タンパク質の置換と共に代謝経路全体の置換も起こったと思われる。このような現象が過去から現在に至る過程で必然的に、しかも頻繁に起こったはずである。このことも、代謝経路の起源と進化を解析する上での困難さを生み出している。

このような困難さの存在することを認めた上で、以下では私たちなりに代謝経路の起源と進化について考えてみたい。

## 5-5 原初代謝経路の形成

最も初期の代謝経路が生み出された過程については、以下のようなシナリオを推定することが可能である。[GADV]-タンパク質ワールドが形成され始めた頃は、まず、擬似複製によって[GADV]-タンパク質を効果的に合成することが最も重要であった。もちろん[GADV]-タンパク質による様々な化学反応が触媒されていたに違いないが、[GADV]-タンパク質を効果的に合成する化学反応以外は、ほとんど意味を持たなかったはずである。この点を考慮すると、[GADV]-アミノ酸を合成するための有機酸などの出発材料の合成と四種の[GADV]-アミノ酸の合成系が、最も初期の、基礎となる代謝系だったと思われる(図26)。

こうして、[GADV]-タンパク質によって、[GADV]-アミノ酸を合成するための出発材料や[GADV]-アミノ酸そのものなどの化学物質が蓄積された。次にはそれらを出発材料とする酵素反応系が副次的に開発され、二つ以上の経路が連結された時点で現在の代謝経路で見られるような直鎖状や環状のいわゆる代謝経路の原型がゆっくりと形成されたのだろう。

また、アミノ酸を数百個もつなげることのできる酵素が最初から存在したとは考え難いので、初期の段階では、数個のアミノ酸からなる[GADV]-ペプチドを合成できる酵素が意味を持ったに違い

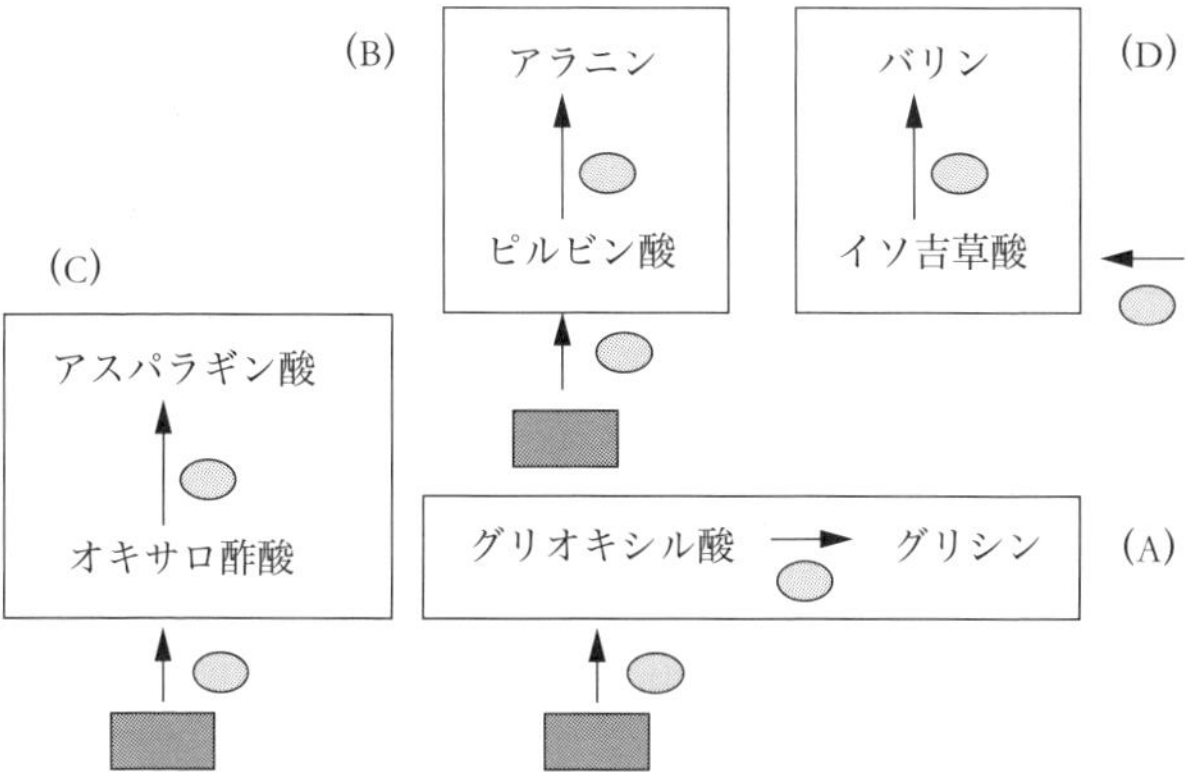


| 上の原始代謝反応（四角内）の出発物質（左）と生成物（右） | |
|---|---|
| (A)　$HCOCOOH$ | $H_2NCH_2COOH$ |
| (B)　$CH_3COCOOH$ | $H_3CCH(NH_2)COOH$ |
| (C)　$HOOCCH_2COCOOH$ | $HOOCCH_2CH(NH_2)COOH$ |
| (D)　$(CH_3)_2CHCOCOOH$ | $(CH_3)_2CHCH(NH_2)COOH$ |

図 26 ●最も初期の代謝反応：最も初期の代謝は［GADV］-ペプチドの会合体（［GADV］-タンパク質類似体（薄いグレーの楕円体））によって行われた．このように，最初のうちは代謝系と呼べるほどのものでもない数個の独立した化学反応を［GADV］-タンパク質が触媒するものであったと考えられる．なお，矢印は反応の方向性を示し，濃いグレーの四角はアミノ酸合成の前駆体となった有機酸（α-ケト酸）合成の前駆体を表している．

ない。この頃は、数本ないしは数十本の［ＧＡＤＶ］-ペプチドが会合することによって、［ＧＡＤＶ］-タンパク質が行う機能を代用していたと考えられる。そして、十分な時間を経た後、本格的な［ＧＡＤＶ］-タンパク質合成酵素が形成されて初めて、本当の意味での［ＧＡＤＶ］-タンパク質ワールドが確立したのだ。

## 5-6 代謝系の進化

最初の代謝経路は、このように今の代謝経路から見ると経路と呼ぶにはほど遠い状態で、［ＧＡＤＶ］-タンパク質を合成するための材料である［ＧＡＤＶ］-アミノ酸の合成、そして、［ＧＡＤＶ］-タンパク質を合成するための［ＧＡＤＶ］-タンパク質合成酵素などが、必要に応じて、まずは独立的に、そして、点々と形成された。

しかし、［ＧＡＤＶ］-タンパク質ワールドが［ＧＡＤＶ］-タンパク質の擬似複製を基礎として維持され発展するにつれて、様々な触媒活性を持った多様な［ＧＡＤＶ］-タンパク質の集団が形成されたに違いない。その中には、リボースなどの五炭糖、そして、グルコースやリボースなどの合成材料となったと思われる三炭糖のグリセルアルデヒドやジヒドロキシアセトンなどの合成を触媒するもの、

「ＧＡＤＶ」-アミノ酸であるグリシンやアスパラギン酸を材料としてアデニンやグアニン、ウラシルやシトシンなどの核酸塩基の合成を触媒するもの、そして、糖と塩基、リン酸をつなぎ、ヌクレオチドを合成するものも現れたに違いない。逆に言えば、これらのヌクレオチド合成が行われ、ＧＮＣ原初遺伝暗号が成立するまでは、「ＧＡＤＶ」-タンパク質ワールドが遺伝子不在下で「ＧＡＤＶ」-タンパク質を合成し続けたのであろう。こうして、徐々にヌクレオチドが蓄積されるにつれて、それを材料として原初遺伝暗号の構成員となったＧＮＣなどを含むオリゴヌクレオチドの合成も可能となったのだ。

また、それと並行して多様な「ＧＡＤＶ」-タンパク質の集団の中には、炭素数の多い脂肪酸である高級脂肪酸やグリセロールの合成、そして、トリグリセリドやリン脂質などの脂質成分の合成も行える時を迎えたに違いない。このように脂質の合成が進むにつれて、5-3節で説明したように、「ＧＡＤＶ」-タンパク質を中心に構成されていたタンパク質性の細胞膜は脂質を取り込み、流動性を高めると共に機能性の高い細胞膜へと進化したのだ。

このように代謝系の進化は「ＧＡＤＶ」-タンパク質の働きによるところが大きく、それが原因となって、やがて二重鎖のＲＮＡ遺伝子が形成される時を迎えた。こうして形成されたＲＮＡ遺伝子の複製を通じて変異の導入と選択が可能となり、初めて進化することが可能となった。このように遺伝子機能を通じたタンパク質の進化が可能となるまでは、「ＧＡＤＶ」-タンパク質集団の擬似複製による多様性の拡大に代謝系の発展をゆだねざるを得ず、最も初期の頃の代謝経路の進化の速度は極めて遅いものでしかなかったに違いない。

## 5-7 生命の誕生へ

こうした長い歩みの結果、生命が誕生したと考えられるが、どの時点からあるいはどの状態から生命と呼ぶのかについては、色々と議論のあるところだろう。細胞膜に相当する閉鎖空間の中にあるのではなく、潮溜まりの岩の窪みのような開放された空間の中で、[ＧＡＤＶ]-タンパク質が周りの[ＧＡＤＶ]-アミノ酸を重合し「擬似複製」を行っていたそれだけの状態に対して、それを生命だと考える人はいないに違いない。

次のような状態、すなわち、まだＧＮＣ原初遺伝暗号は成立してはいないけれども、細胞膜に取り囲まれた空間の中で、[ＧＡＤＶ]-タンパク質による化学反応が効率的に起こり、合成された[ＧＡＤＶ]-タンパク質が[ＧＡＤＶ]-タンパク質膜内に取り込まれ、細胞膜部分が成長する。それが圧力の一つとなって細胞様の顆粒が現在の生物の細胞分裂と同じように分裂した。そして、そのような細胞分裂と良く似た現象が繰り返し起こったとすれば、それを生命と考える人はいるのかもしれない。

それでもその時点ではまだ生命と呼ぶことはできず、GNC原初遺伝暗号が成立し、コドンとアンチコドンに対応したGNCを含むオリゴヌクレオチド二分子が、部分的にせよ塩基対を通じて二重鎖構造を形成したことがより効果的な［GADV］-タンパク質の合成を実現した、その時点で初めてこれは生命だと言えるという人もいるであろう。

一方、遺伝子が確立されていないのだから、それでもまだ生命とは呼べないと考える人も多いに違いない。その人達の中には、一本鎖のRNA遺伝子が形成され、それによって、より効果的にGNC遺伝暗号を縦に並べることによって、それ以前と比べてさらに効率的な［GADV］-タンパク質の合成が可能となったとしたら、その時に初めて生命が誕生したという人もあろう。いや、一本鎖RNAでは複製もできず、したがって、突然変異を蓄積することを通じて進化することもないのだから生命が誕生したと言うにはまだ不十分だと考える人もいるだろう。そう考える人は、二重鎖RNA遺伝子の形成とそれに伴う突然変異の導入が可能となり、遺伝子とタンパク質の共進化が可能となって初めて生命が誕生したのだと主張するのかも知れない。

このように、どの段階で生命が誕生したと考えるのかについては、それぞれの人が考える生命の定義にかかっている。ただ、間違いなく言えるのは、細胞膜（［GADV］-タンパク質の膜）に囲まれる以前の、擬似複製だけが単に起こっていた時期を生命の誕生と呼ぶ人がいないのと同様、二重鎖RNA遺伝子が形成された時点では、ほとんどすべての人が生命の誕生だと認めるに違いないということである。

私はというと、ＧＮＣ原初遺伝暗号が成立した時点を中心にその前後のどこかで生命が誕生したと考えている。要するに、遺伝暗号の持つ重要性を第一義的に考えたいのである。

## 5-8 ［ＧＡＤＶ］-タンパク質ワールド仮説の課題

すでに少なからぬ読者がお気づきのことと思うが、私たちの「［ＧＡＤＶ］-タンパク質ワールド仮説」を基礎として考える生命の起源論にも（残念ながら「ＲＮＡワールド仮説」と同様）、現時点では単なる推測に基づいて説明せざるを得ない事柄も多い。今のところは、とにかくこのように考えた方が合理的だ、と議論を進めざるを得ないのである。そこで、「［ＧＡＤＶ］-タンパク質ワールド仮説」には現時点でどのような課題が残され、今後、実験等を通じて何を証明することが必要なのか、自省しておくこととしよう。

図27では、私たちの「［ＧＡＤＶ］-タンパク質ワールド仮説」に基づいた生命の起源への道筋を大きく三つに分けて示した。生命誕生への歩みの第一の段階は、化学進化によってこの地球上に生み出された構造の簡単な四種のアミノ酸からなる、［ＧＡＤＶ］-タンパク質の擬似複製までの過程である。そ

こに至るまでの化学進化的なアミノ酸の蓄積や［GADV］-ペプチドの形成および［GADV］-タンパク質の擬似複製については、実験等による証拠もあるので、大きな異論の出ることはないと思われる。

しかし、それに引き続く第2段階のヌクレオチドの合成から二重鎖RNA遺伝子の形成に至るまでの段階には、今後証明していかなければならない課題が残されている。すなわち、

（1）［GADV］-タンパク質がリボースなどの糖や核酸塩基を合成できたのか。
（2）［GADV］-タンパク質がヌクレオチドやオリゴヌクレオチドを合成できたのか。
（3）［GADV］-アミノ酸とGNCを含むオリゴヌクレオチドとの間で特異的な結合が成立し、本当にGNC原初遺伝暗号を生み出すことができたのか。
（4）［GADV］-アミノ酸とGNCオリゴヌクレオチド複合体同士が互いに結合し、タンパク質合成を効果的に進めることができたのか。
（5）隣り合うGNC間でホスホジエステル結合が形成され、一本鎖RNA型の遺伝子を生み出すことができたのか。
（6）さらに、一本鎖RNA型の遺伝子から二重鎖RNA型遺伝子が形成されることによって、進化の可能な遺伝的システムを確立することができたのか。

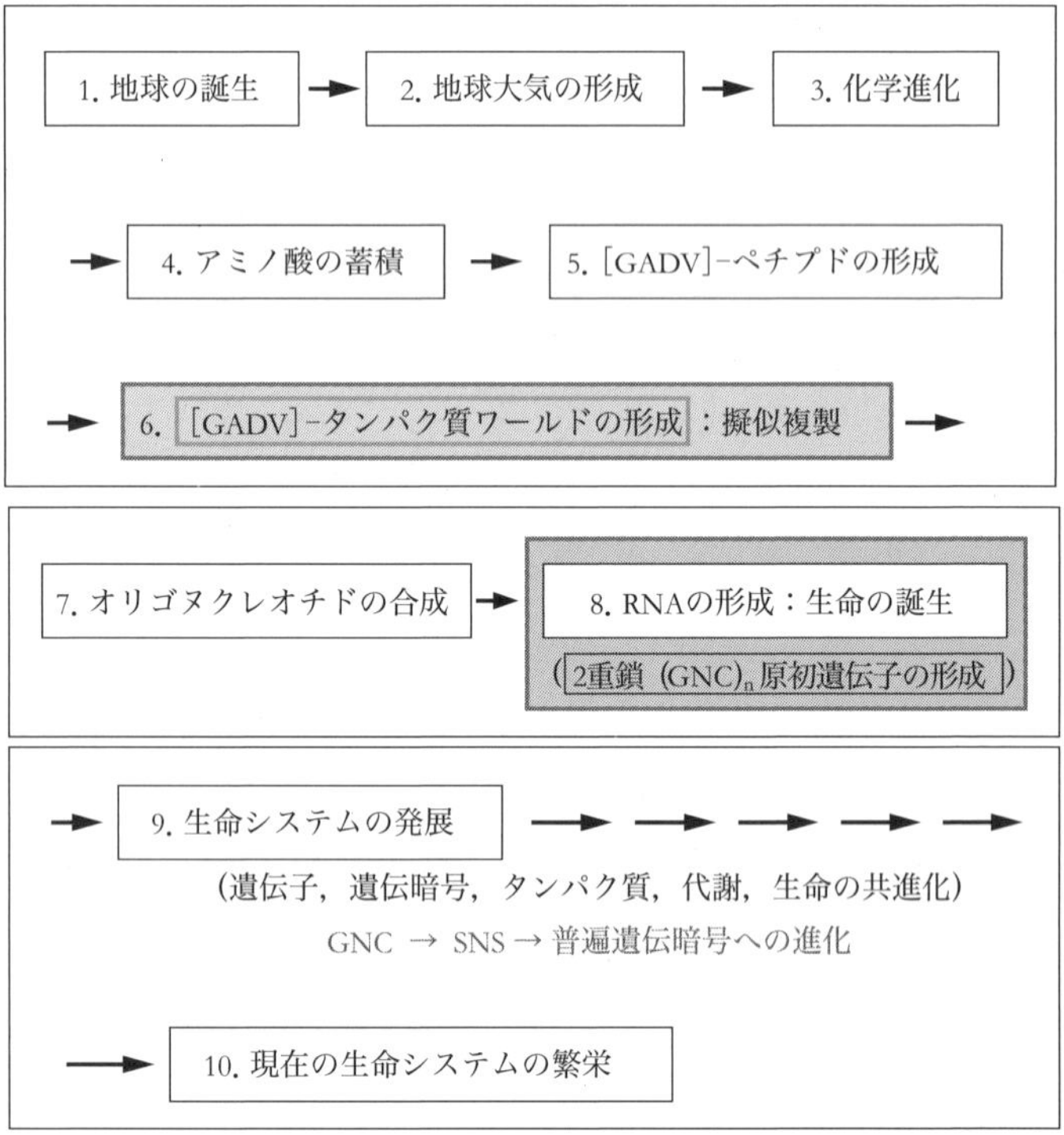


図27● [GADV]-タンパク質ワールド仮説に沿って推定される生命の誕生への道のり：生命は化学進化によって蓄積した4種の [GADV]-アミノ酸からなる [GADV]-タンパク質の擬似複製を一つの中心として誕生した（第1段階：上枠内）.（第2段階）次に，二重鎖RNA遺伝子の形成時期を迎えた（中央枠内）. その後は生命の基本システムの共進化によって多様な生命の繁栄がもたらされた（第3段階：下枠内）.

といった事柄である。

一方、次の第三段階については、生命の基本システムの発展は、必然的に起こる共進化によって説明することが可能だ（この点については、6-3節で詳しく述べる）。だから、第二段階の事象を証明することが最も大きな課題となるのだが、それは簡単なことではない。

ただ、現時点では、これらの課題が証明可能かどうかは別として、私たちの「[GADV]-タンパク質ワールド仮説」によって、原始地球上で起こったかもしれない化学進化から生命の誕生に至るまでの道筋を、これまでのどの考え方よりも具体的に、そして、初めて順序だって提案できたことに大きな意義があると考えている。すなわち、生命の基本システムを構成する遺伝子や遺伝暗号、タンパク質、そして代謝という事柄について、

（1）遺伝子の起源：$(GNC)_n$ や $(SNS)_n$ などの原始遺伝子仮説、GC-NSF（a）[基本用語3]原始遺伝子仮説

（2）遺伝暗号の起源：GNC-SNS原始遺伝暗号仮説

（3）タンパク質の起源：GNC-0次構造仮説（または[GADV]-0次構造仮説）、SNS-0次構造仮説、GC-NSF（a）-0次構造仮説

（4）代謝の起源：GNCがコードする[GADV]-アミノ酸代謝起源説。

**基本用語 3. GC-NSF (a)：** GC-NSF (a) の GC は遺伝子 (DNA) の GC 含量が高いことを，また，NSF は翻訳 (タンパク質合成) のフレーム内に，ある範囲 (少なくとも 100 個程度のアミノ酸をコードできる範囲) にわたって停止暗号のでないノンストップフレーム (Nonstop frame) を，(a) はアンチセンス鎖 (二重鎖 DNA の遺伝情報をコードしている鎖の相手側の鎖) を意味している．したがって，GC-NSF (a) は GC 含量の高いアンチセンス鎖上に高い確率で現れるノンストップフレームを意味している．

GC-NSF (a) 新規遺伝子生成仮説

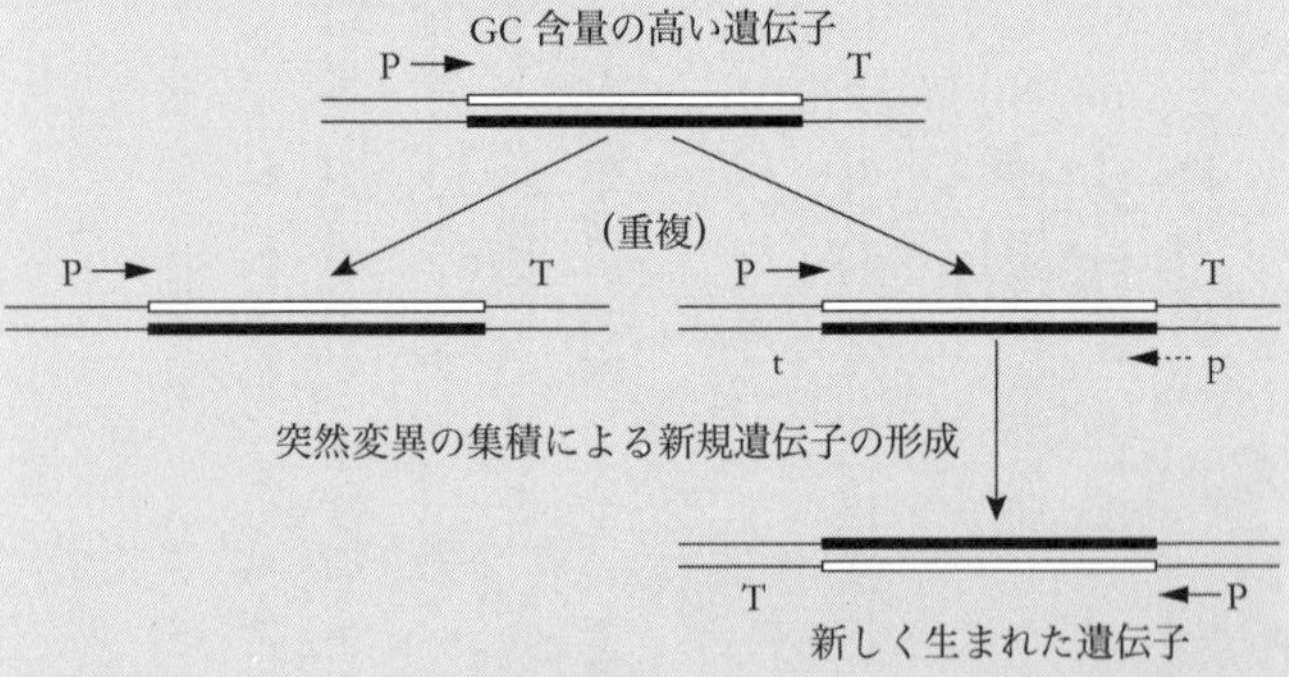


遺伝子が重複した後，一方の DNA に変異を集積する過程でアンチセンス鎖上に目的の機能を持つタンパク質をコードする遺伝子が出現したとき，それが新規遺伝子として生み出される．P，T，は，それぞれ，プロモーター，ターミネーターを示し，大文字は活性な，小文字は潜在的なものであることを意味している．また，白い棒は遺伝情報を持つ配列領域を黒い棒はアンチセンス鎖を表わす．

## （5）生命の起源：GNCがコードするアミノ酸からなる［GADV］-タンパク質ワールド仮説

のいずれについても、GNC-SNS原始遺伝暗号仮説を中心に統一的に説明できると考えているのである。本書では、紙数の関係もあって省略したが、私たちの起源仮説を基礎としたコンピューター・シミュレーションによって、現在の遺伝子のコドンの塩基位置毎の塩基組成や細菌ゲノムがコードするタンパク質の平均アミノ酸組成をほぼ再現できること、そして、コンピューターを用いた解析によってタンパク質が確かにランダムな過程を通じて形成されていることなどは確認できている。こうしたシミュレーションの結果とも合わせ、私たちは、「［GADV］-タンパク質ワールド仮説」が正しいと主張したいのだ。

# 第6章 生命進化から生物進化へ——生命の基本システムの発展

これまで何度か述べてきたように、私たちは［GADV］-タンパク質を基礎として、GNC原初遺伝暗号や（GNC)n原初遺伝子の形成が行われ、その結果として初めて生命体が出現できたと考えている。そのため、ここまではタンパク質の機能を中心として考え、遺伝子の最初の化学的本体であると思われるRNAの働きを過小に評価してきた。しかし、二重鎖のRNA型遺伝子が出現してから以降は、遺伝子の配列によってタンパク質のアミノ酸配列が決定され、進化するという意味で、遺伝子が生命活動においては主たる役割を演ずることとなったのはいうまでもない。

そこで、これ以降は、遺伝子機能の変化（進化）を中心に生命システムの発展と進化を論ずることにしよう。なお、本章の中では初期遺伝子や初期タンパク質など「初期」という用語を使用している。これは遺伝暗号で言えば主としてGNC原初遺伝暗号の確立以降で、SNS原始遺伝暗号が形成されるまでの時期を指している。したがって、タンパク質では［ＧＡＤＶ］-タンパク質以降でＳＮＳがコードする一〇種のアミノ酸で構成されたタンパク質が出現するまでの期間を意味している。このような点を考慮しながら本章を読み進めていただければと思っている。

## 6-1 生命システムの進化

今の遺伝子とその発現システムから見れば素朴なものであったに違いないが、二重鎖ＲＮＡからなる遺伝子システムが形成されてから後は、時間が多少かかったとしてもより高度な遺伝システムの獲得、すなわち、生命の進化はそれほど大きな障害と出会わなかったに違いない。なぜなら、いったん、遺伝システムを獲得した後の生命体は、それまでのシステムよりもより多くの子孫を次世代に残すための十分な繁殖力さえ持っていれば、時が経つにつれてそれまでのより古い生命体を駆逐し、さらに高い機能を持った新しい生命体を生むからである。いうまでもなく、それが進化の本質だ。したがって、時の経過と共に、新旧二つのシステムが入れ替わり、より効率的に子孫を残すシステムへと進化することは（環境の激変などによる個体数の激減などは多々あるにせよ、本質的には）ほとんど問題がなかったはずである。

ただ、生命が生存し続けるということは、生存にとって必要な様々な化合物を周囲から細胞内に取り入れ、それを材料として使用することによって子孫を生み出し、生命体として実際に生存し続けることである。そのためには、それまで蓄積されていた化合物を消費し尽くす速度よりも速く、生存にとって必要な（同じ種類のあるいは同じ機能の）化学物質を合成する必要がある。また、進化し続けるには、生存のために必要な化合物を消費し尽くすよりも前に、より効率的な合成システムを形成し、その新しいシステムに移行することができたかどうかが重要である。

もちろん、すべての生命体の生存が不可能な状態にまで環境が激変すること、たとえば、地球と他の小惑星との衝突などの天変地異によって原始地球上に生まれた生命体のすべてが地球上から完全に消滅してしまうような事態が起こらなかったかどうかも重要な要素の一つではある。しかし、この点に関して言えば、現在の地球上には、我々人類を含めて非常に多様な生き物達が数多く生存しているわけで、最初の生命が誕生して以来、いくつもの苦境に遭遇しつつも、最初に生まれた共通の祖先から途切れることなく、生き物たちが進化を続けてきたことは、間違いがない。

そこで本章では、第5章までに議論した生命システムの形成と生命の誕生を基礎に、その後の遺伝子や遺伝暗号、タンパク質、代謝そして生命そのものの進化を論ずることにしよう。その前にまず、生命の基本システムが形成されて以降は、これらの事柄が互いに密接な関係にあること、したがって、これらは独立に進化してきたわけではないし、独立に進化できるものでもないことを説明することとしよう。

## 6-2 生命での「ニワトリと卵」関係とその成立

3-6節でも述べたように、遺伝子とタンパク質の間には「遺伝子が存在しなければ、タンパク質を合成することができない」し、「タンパク質（酵素）が無ければ、遺伝子の機能を発揮できない」という「ニワトリと卵」の関係が存在する。同じように、生命が生きていく上で最も重要と思われる「遺伝子、遺伝暗号、タンパク質そして代謝」の間には、遺伝子とタンパク質の間だけではなく、関係が遠すぎるため議論することの難しい遺伝暗号と代謝経路の間も含めて、どの二つを取り上げてもそこにはいつも「ニワトリと卵」の関係が見られる（図28）。

そこでまず、こうした「ニワトリと卵」の関係がどのようにして形成されたのかを考えてみることにしよう。そうすることによって、生命の基本的システムに含まれるこれらの事項がどの順序で形成されたのかをあらためて確認することができるからである。

(A) 生命の基本システムに見られる「ニワトリと卵」の関係

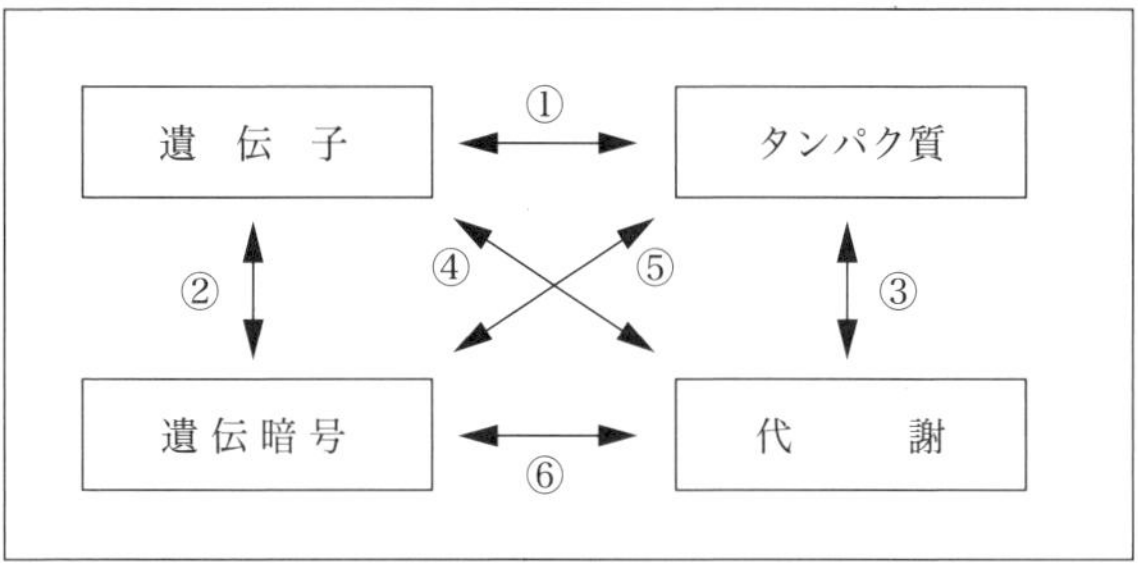


(B) 上記の「ニワトリと卵」の関係が形成された順序

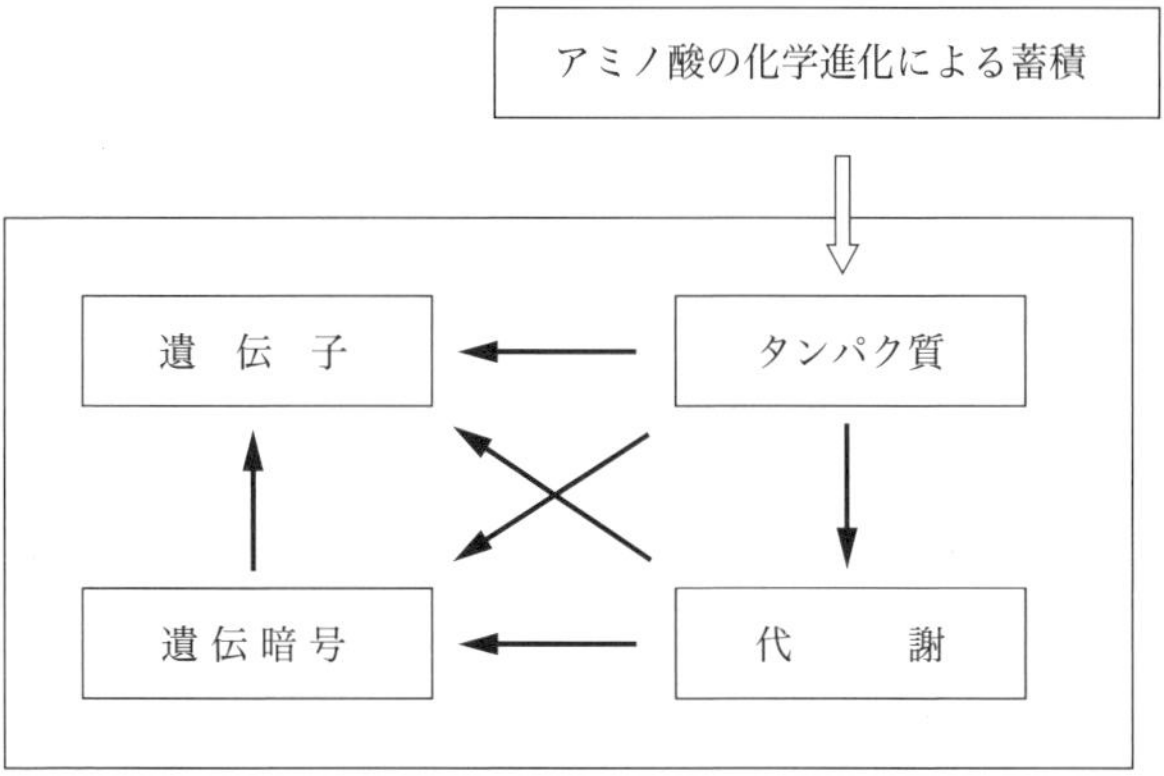


**図 28** ● (A) 現在の生命の基本システム相互の間に見られる「ニワトリと卵」の関係. (B) その関係が生命の誕生に至る過程でどのような順序で形成されたのかを二つの間の方向性で示した図. ただし, 最も初期のタンパク質合成には代謝系が形成されるよりも以前に化学進化によって蓄積したアミノ酸が使用された (⇨印).

## ①　遺伝子とタンパク質

３－６節で詳しく述べたように、この両者の間には確かに今では「ニワトリと卵」の関係が存在する。この二つの事象がどのようにして生み出されたのかというのが、まさしく本書の主題の一つである。すなわち、３－２節で詳しく説明したように［ＧＡＤＶ］-タンパク質がヌクレオチドの合成を十分に行える状況に達したことをきっかけとして、ＧＮＣ原初遺伝暗号が形成され、続いてＧＮＣ原初遺伝暗号を縦に並置することによって、最初の遺伝子（ＧＮＣ）n原初遺伝子が形成された、と私たちは考える。おそらくは、このようにして、間違いなくタンパク質が遺伝子を作ったのであろう。

## ②　遺伝子と遺伝暗号

遺伝子が存在しなければ遺伝暗号は無意味であり、遺伝暗号が無ければ遺伝子は意味をなさない単なるポリヌクレオチド鎖となる。したがって、両者が存在して初めてそれぞれが意味を持つ。確かに、現在の遺伝子と遺伝暗号の間には、ポリヌクレオチドが存在しただけで遺伝暗号ができる訳でもなく、遺伝暗号があったからといってポリヌクレオチドが遺伝情報を持てる訳でもないという「ニワトリと卵」の関係がある。

これについても、私たちの立場からなら説明が可能だ。図21（84ページ）を見て分かるように、最初にGNCを含むオリゴヌクレオチドとアミノ酸の特異的結合を通じて、GNC原初遺伝暗号が形成されたことが出発点となり、GNC遺伝暗号を縦列に配置することによって、最初の（GNC）$_n$原初遺伝子が形成されたと推定できる（図22　95ページ）。このように、遺伝暗号が先に生み出され、それを契機として最初の遺伝子が生み出されたに違いない。

## ③ タンパク質と代謝

タンパク質（酵素）が無ければ、酵素タンパク質によって営まれているような代謝経路はありえない。また、代謝経路が無ければタンパク質を作るための材料となるアミノ酸を合成することができない。そのため、アミノ酸を素材とするタンパク質合成が不可能となる。ここにも「ニワトリと卵」の関係が存在する。

ただ、5－4節（代謝系の起源を考える際の難しさ）のところで説明したように、最も原始的な代謝経路が形成されるよりも以前に、化学進化的に蓄積されたアミノ酸の重合によってタンパク質ができる可能性が存在する。そうした、無生物的に蓄積されたアミノ酸を材料として作られたタンパク質によって、最初の代謝系の形成が行われたと考えられる（図26　107ページ）。そして、これこそが［GADV］－タンパク質ワールドの形成につながり、それが代謝系の形成へと進み、生命を生み出す原動力となったのである。

したがって、この場合も、タンパク質がその触媒活性を利用することによって、代謝経路を築くきっかけを与えたという意味で、一方（タンパク質の形成）の成立が他方（代謝系）の成立を促したという関係となっている。

## ④ 遺伝子と代謝

遺伝子の主な働きは酵素タンパク質を合成することであり、したがって、遺伝子がなければ、タンパク質を合成できない。そのため、現在の生物が持っているような酵素タンパク質を中心とする代謝経路を形成することはできない。それに対して、代謝経路が存在しなければ、遺伝子の構成成分であるヌクレオチドを合成することはできず、したがって、遺伝子を作り出すことはできない。そういう意味で、この両者の間にも今では「ニワトリと卵」の関係が存在する。

この両者の関係は以下のように形成されたのであろう。最初に、［ＧＡＤＶ］-タンパク質による触媒機能がまず生まれ、それを活用しながらいくつかの代謝系が形成された。その後、さらに代謝系が進化する過程でヌクレオチドの合成系も整備された。そのことによって遺伝子を形成できる時期を迎えたのである。要するに、代謝系の形成が行われて初めて、遺伝子を形成することができたと考えられる。

## ⑤　遺伝暗号とタンパク質

この両者について言えば、遺伝子と遺伝暗号の間に見られるのと同じような関係にある。すなわち、遺伝暗号が無ければ遺伝情報を翻訳できないため、タンパク質を合成することができない。一方、タンパク質の存在しない地球上では、現在の生物が使用しているような遺伝暗号は、存在する意味を持たなくなるのである。

この両者の関係は、①の遺伝子とタンパク質の関係の成立の中で述べたように、［GADV］-タンパク質が形成された後、［GADV］-アミノ酸とGNCを含むオリゴヌクレオチドとの特異的相互作用を通じて［GADV］-アミノ酸をコードするGNC原初遺伝暗号の形成が実現された、と考えればよい。すなわち、化学反応を触媒できるタンパク質の形成が遺伝暗号を生み出したのである。

## ⑥　遺伝暗号と代謝

これについては、直接の関係が存在しないため議論しにくい点もあるが、遺伝暗号が無ければ、遺伝子もタンパク質も存在しないことと同じ意味である。したがって、②や⑤で述べたように、遺伝暗号が無ければ代謝経路を形成することはできない。ただ、両者が直接的な関係にないため、代謝経路がなくても、遺伝暗号は存在し得るのかもしれない。しかし、その際の遺伝暗号は代謝経路なしに作られた遺伝暗号システムであり、それがどのようなものかを想定することさえ困難である。もちろん、現在の遺伝暗号のように、代謝経路で作られるトリヌクレオチドとタンパク質の構成成分であるアミノ酸の組み合わせでできた遺伝暗号なら、代謝経路無しに遺伝暗号が存在し得ないのは明らかである。

それはともかく、この両者の関係についても、私たちの立場からは、先に［GADV］-タンパク質を中心に［GADV］-アミノ酸の合成とヌクレオチド合成の代謝経路が整備され、その後になって初めて、［GADV］-アミノ酸とGNCを含むオリゴヌクレオチドとの特異的相互作用を通じて［GADV］-アミノ酸をコードするGNC原初遺伝暗号が成立した、と考えることができる。

このような二つの事柄に見られる「ニワトリと卵」の関係を、［RNA-ワールド仮説］では、両者の中間的な、あるいは、両方の性質を併せ持つものが生まれ、以後の進化の過程で分化していったと説明する。対して私たちは、いずれの場合にも、一方の形成が先に起こり、それが他方の形成を促したということで説明する（図28）。このように、一見、説明が困難とも思える「ニワトリと卵」の関係の成立過程も、私たちの「［GADV］-タンパク質ワールド仮説」に沿って上手く説明できるのである。このことも、私たちの仮説の妥当性を示していると言えよう。

# 6-3 初期遺伝暗号の進化

こうして、原初生命体が（GNC）$_n$原初遺伝子とGNC原初遺伝暗号、そして、［GADV］-タンパク質とその代謝からなる生命の基本システムを獲得し、互いに密接な関係を保ちながら共進化することによって、その後も生命は安定的に生き続けることができた。

しかし、遺伝暗号が、遺伝子（DNAまたはRNA）上の三つの塩基配列（トリプレット）とアミノ酸との対応関係を決めたものであることを考慮すると、使用できるアミノ酸の種類の増加とは無関係に遺伝暗号だけが先に変化することはありそうもない。また、最も初期の遺伝子であったとしても、遺伝子がタンパク質のアミノ酸配列を規定するものであったことを考慮すると、新たなアミノ酸の形成がないかぎり、遺伝子は使用できるアミノ酸の数を増やすことはできない。そのため、新たなアミノ酸の形成がなければ、たとえ遺伝子の数は増加したとしても、遺伝暗号を通じて新たなアミノ酸を使用するより高いレベルの遺伝子を形成することはできない。したがって、生命の基本システムが共進化する原動力、言い換えれば、進化を誘発するきっかけとなった事象は、それまでにすでに存在したタンパク質の機能を利用することによって行われた新たなアミノ酸を合成する代謝系の開発だったのだろう。これらのことを念頭に置くと、以下に示すような進化の道筋を考えることができる。

まず、最初に確立された［GADV］-タンパク質による新しい代謝系の進化に伴って［GADV］-アミノ酸以外の新たなアミノ酸の合成系が開発された。たとえば、グルタミン酸やロイシン、プロリンなどの合成系の発達が、これらの新しい種類のアミノ酸をタンパク質の構成成分として利用できる可能性を生み出した。これをきっかけとして、グルタミン酸をコードするGAGやロイシン、プロリンなどをコードするCNSなどの遺伝暗号が進化、すなわち、遺伝暗号を具体化するtRNAの進化が起こったのである。そして、それと同時に新たな遺伝暗号を使用できる遺伝子の進化が起こったのだ（図29）。

このように、新たなアミノ酸の合成経路が形成され、新たなアミノ酸が生命体の細胞内やその周辺に蓄積されるにつれて、それを使うための遺伝暗号と遺伝子の進化が起こった。これによって新たなアミノ酸の合成と使用が可能となり、それまでよりも高い機能を発揮できるタンパク質を生み出すことが可能となった。次に、より高い機能を持ったタンパク質を用いる新しい生命体は、さらに新たなアミノ酸の合成を促し、それがきっかけとなって新たな遺伝暗号や遺伝子の進化を誘導するというように、より高い機能を持った生命体の出現が起こったのだと推定される。

すなわち、タンパク質と代謝系、遺伝暗号と遺伝子、そして生命は、それぞれの事象の進化が他の事象の進化を誘発するというように、ラセン階段を一歩ずつ上に昇っていくように共進化したに違いない（図30）。こうして到達した一つの段階がSNS原始遺伝暗号の形成とそれを使用する時期である。

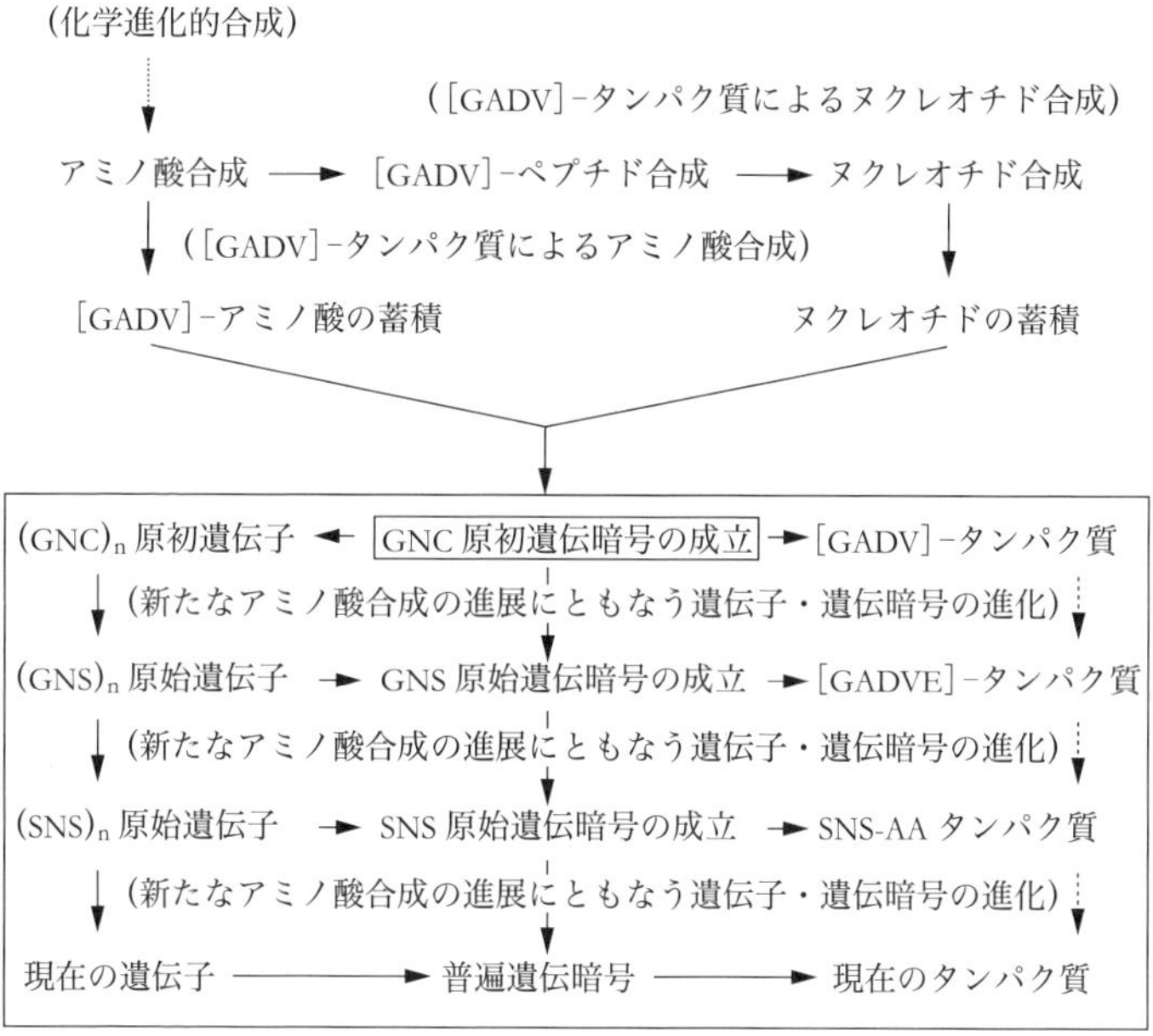


**図 29**●生命の基本システムの共進化：　生命の基本システムである遺伝子、遺伝暗号，タンパク質はこれらのシステムが形成されて以降（大きな四角の枠内）は，新たなアミノ酸合成をきっかけとして，遺伝子・遺伝暗号・タンパク質が共進化したと考えられる．実線は，遺伝子や遺伝暗号が，直接，進化したことを示している．それに対して，破線はその結果，アミノ酸の種類が増加し，タンパク質が進化したことを意味している．

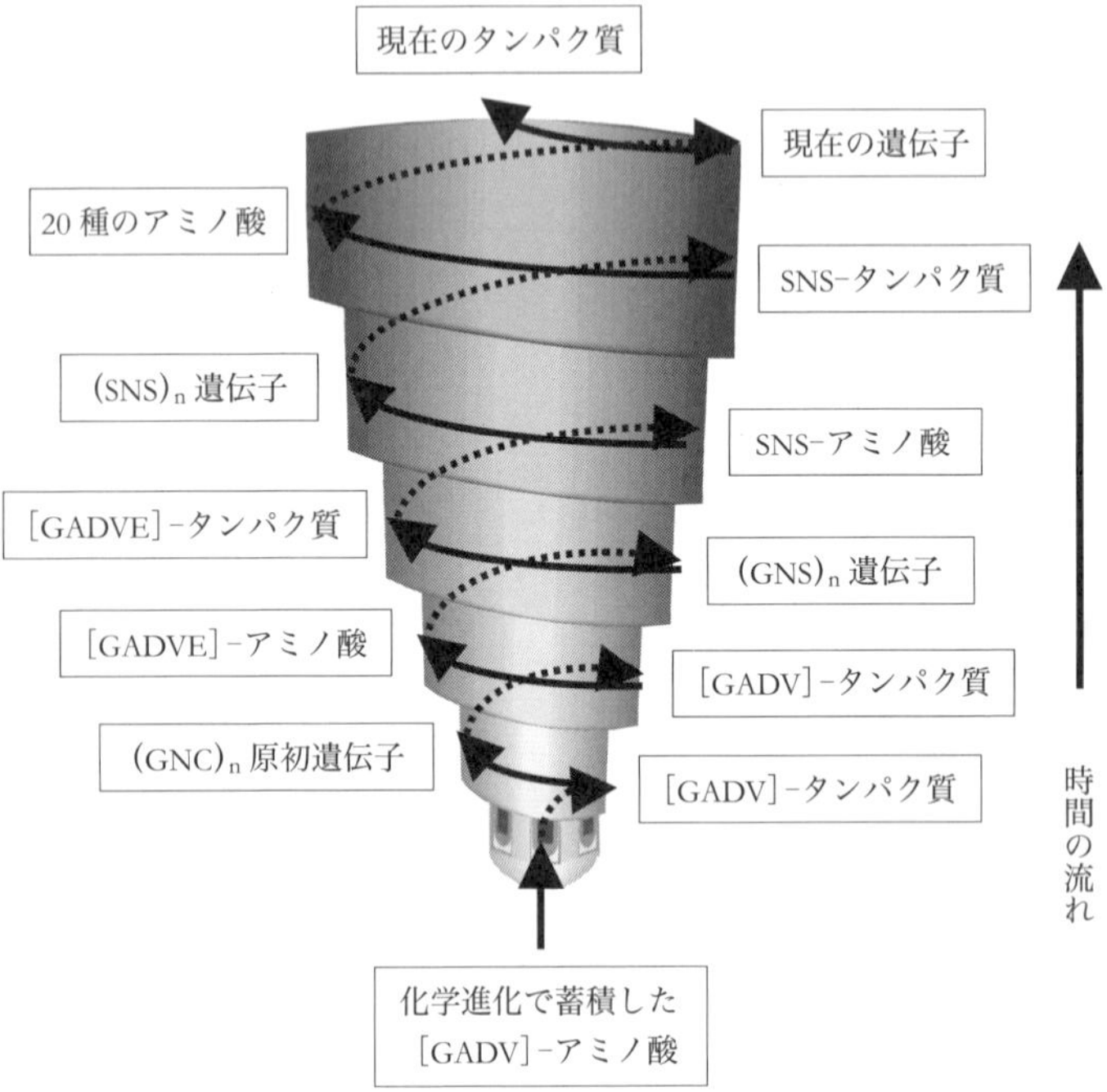


**図 30** ●図 29 に見られるように，生命の基本システムである遺伝子，遺伝暗号，タンパク質（および，代謝）は共進化せざるを得なかった．しかし一方で，新しいアミノ酸を使用できたタンパク質の高い機能によってラセン階段を登るように徐々に，そして，一段と高いレベルへと進化し続けることができた．

このようにして、遺伝暗号の進化と共にタンパク質の進化も起こったと考えられるが、最初にこの地球上に現れた［ＧＡＤＶ］-タンパク質は、塩基性アミノ酸を含まない、かなり不完全なタンパク質だったと言わざるをえない。

それに対して、次の段階に現れた一六種のコドンと一〇種のアミノ酸からなるＳＮＳ原始遺伝暗号は、塩基性アミノ酸であるヒスチジンやアルギニンを含むほか、α-ヘリックスやβ-シート、β-ターンなどの二次構造形成アミノ酸をそれぞれ複数含む、ほぼ完全な遺伝暗号であったと考えられる。

## 6-4 初期遺伝子の進化

前節で述べたように、遺伝子が進化したのはアミノ酸合成系の進化に依存していたはずである。アミノ酸合成系の進化は、タンパク質のより高い機能によって誘発されるため、遺伝子の進化はタンパク質の進化に支配されていたと考えることもできる。

したがって、遺伝子の進化がどのように起こったのかを直接遺伝子の変化として捉えることが困難な場合には、タンパク質内のアミノ酸組成の変化やタンパク質合成を仲介する遺伝暗号の進化経路によって間接的に知ることができる。しかし、遠い過去の原始タンパク質や原始遺伝子が実際にはどのようなものであったのかを追求する手段は残念ながら見当たらない。そこで、私たちは遺伝暗号の進化経路から遺伝子やタンパク質の進化を推定することが最も妥当に違いないと考えた。

そこで、遺伝子の進化を遺伝暗号の進化と関連づけて推定することとする。図29を見て分かるように、最も初期の遺伝子はGNC原初遺伝暗号に対応して、$(GNC)_n$ だったと考えるのが妥当であろう。すなわちGNCからGNS、SNSという遺伝暗号の進化にともなって $(GNC)_n$ 原初遺伝子から $(GNS)_n$ 遺伝子、そして、$(SNS)_n$ 原始遺伝子へと共進化したと考えることができる。そして、長い年月を経て最終的には今の地球上に棲息する生物が使用するような普遍遺伝暗号を使用する遺伝子へと進化したのだろう。こうして形成されたSNSがランダムに並んだ $(SNS)_n$ 原始遺伝子がコードする仮想タンパク質も、現在のタンパク質と同様、確かに疎水性/親水性パターンや二次構造が適度に混じり合ったものであった(図31)。

## 6-5 初期タンパク質の進化

最も初期のタンパク質はGNC原初遺伝暗号がコードする四種の[GADV]-アミノ酸からなる[GADV]-タンパク質であったと思われるが、次にGNC遺伝暗号からGNS遺伝暗号への進化に

ランダムな SNS 繰り返し配列（$(SNS)_n$）がコードする仮想的なタンパク質のアミノ酸配列と二次構造予測結果

gggggcgtcgccgtccccgccccggcggaggccgtgcggcccccgtgctcgacggggac

G G Ⓥ A Ⓥ P A P A E A Ⓥ R P P Ⓥ Ⓛ D G D

C C C C C H H H H H H H H C C C C C C H

gcggcgcacgccgcggtcgtggtgcacgagcagccgcgcctcccccgcgcgcgcgtcgtc

A A H A A Ⓥ Ⓥ Ⓥ H E Q P R Ⓛ P R A R Ⓥ Ⓥ

H H H H H E E E E E C C H H H H H H H H

cgcggcccccgctggtcggcgccgtcgggcacgtgcgcgtcgccgtcgtgcccggcgcc

R G P P Ⓛ Ⓥ G G Ⓥ G H Ⓥ R Ⓥ A Ⓥ Ⓥ P G A

C C C C E E E E E E E E E E E E E C C C

cacctcgggggggaggtcgagcaggccgggcagcccgtggccgtcccggtcgggctgccc

H Ⓛ G G E Ⓥ E Q A G Q P Ⓥ A Ⓥ P Ⓥ G Ⓛ P

C C C C H H H H H H H C E E E E E C C C

gacctcggcgtgccgcacccccgcctcgaggacgcccgcggcgaccggcgggtgcccgac

H Ⓛ G Ⓥ P H P R Ⓛ E D A R G D R R Ⓥ P D

C C C C C H H H H H H H H C C C C C C C

**図 31** ●コンピューターによって発生させたランダムな $(SNS)_n$（1 行目：小文字）がコードする仮想的なタンパク質のアミノ酸配列（2 行目）：○印は疎水性アミノ酸を，下線は親水性アミノ酸を意味している．3 行目は Chou-Fasman 法によって推定した仮想タンパク質の二次構造予測の結果であり，H, E, C はそれぞれ，$\alpha$–ヘリックス，$\beta$–シート構造，コイル（$\beta$–ターン）を示す．$(SNS)_n$が遺伝子として使われていた頃はDNAであった可能性が大きい．そのため，この図では t（チミン）で塩基配列が書かれている．

ともなってグルタミン酸を含む五種のアミノ酸で構成されたタンパク質へ、続いてSNS原始遺伝暗号が形成されるにしたがって、SNSがコードする一〇種のアミノ酸（SNS-アミノ酸：グリシン、アラニン、アスパラギン酸、バリン、グルタミン酸、ロイシン、プロリン、グルタミン、ヒスチジン、アルギニン）からなるタンパク質へと進化した。

この過程で起こる新たなアミノ酸を使用するタンパク質の形成には、次に示すように二通りの経路が存在したと考えられる。

（1）二重鎖（GNC）n遺伝子によってコードされていた［GADV］-タンパク質が、遺伝暗号の進化にともなって、突然変異を集積し、GNC以外の暗号がコードするアミノ酸を使用できるタンパク質へと変化（進化）する経路。この場合には、それまでに使用されていたセンス側（遺伝子上）での突然変異の集積による進化（もちろん、同時にアンチセンス側の塩基配列にも変化が生じるが、ここではアミノ酸配列をコードするという意味でセンス側での突然変異の置換を強調している）であり、それまでに使用されていたタンパク質のアミノ酸配列を変化させることによって、新たなタンパク質へと進化する経路である。したがって、多くの場合、類似機能を持つ新たなタンパク質の形成経路となっていたに違いない。

（2）第二の経路は、遺伝暗号の進化と並行して、（GNC）n二重鎖遺伝子のアンチセンス側の塩基配列に突然変異を集積（この場合も、もちろん、同時にセンス側の塩基配列にも変化が生じるが、意味のあるアンチセンス側の突然変異を強調している）しながら、新たな遺伝子がコードするタンパク質が生み出される経路である。この場合には、それまでに存在したどのタンパク質のアミノ酸配列とも全く異なる新規なタンパク質を直接生み出すことのできる経路である。

こうして遺伝暗号や遺伝子の進化にともなって、［GADV］-アミノ酸以外のアミノ酸を含む高い機能を持ったタンパク質が形成されたと考えられる。そして、SNS原始遺伝暗号が完成する頃になると、当然のことながらSNSがコードするアミノ酸の合成経路も既に確立されていたはずであり、SNS-タンパク質を利用する生命体が出現したはずである。このようなSNS原始遺伝暗号の下で生き続けていた生命体はかなり高度な生命活動を営んでいたに違いない。なぜなら、現在の地球上に棲息している細菌の内で六五パーセントを越えるGC含量の高い細菌が持つタンパク質のSNS-アミノ酸の含量はほぼ八〇パーセントとなっていること、したがって、SNS-タンパク質はGC含量の高いゲノムを持つ現在の地球上の微生物タンパク質とほぼ同じアミノ酸組成を持っているからである。このことから考えて、この一〇種のSNS-アミノ酸を使用するSNS-タンパク質は生命活動を営む上でおそらく十分に高い機能を持っていたに違いない。

# 6-6 初期代謝経路の進化

ＧＮＣ原初遺伝暗号を使用していた頃から時代が大きく下がって、ＳＮＳ原始遺伝暗号を使っていた頃、すなわち、ＳＮＳ-タンパク質を使用していた頃の代謝系については、現在のタンパク質のデータを解析することによっていくらかは推定することができる。なぜなら、ＳＮＳ原始遺伝暗号を使用していた時期から現在に至るまで、（ＳＮＳ）$_n$とその近似形であるＧＣ-ＮＳＦ（ａ）[基本用語3]など、いずれにしてもＧＣ含量の高い塩基配列を起源として新規なタンパク質が形成されてきたと考えられるからであり、保存領域に含まれるＳＮＳ-アミノ酸含量を分析することによって、タンパク質の形成時期を推定できる可能性が高いからである。

そこで、代謝経路の形成や進化の傾向を推定するため、現在の代謝経路上の相同な酵素群（同じ化学反応を触媒する相同なタンパク質群）について、その保存領域や非保存領域のＳＮＳ遺伝暗号がコードするアミノ酸（ＳＮＳ-アミノ酸）の含量を詳細に解析した。

その結果（結果そのものを示すことは、ここでは省略するが）、確かに、［ＧＡＤＶ］-アミノ酸などを合成するための経路に近く、解糖系の終端付近に位置するピルビン酸、およびピルビン酸からＴＣＡ回路に至るアセチル-CoAを合成する経路、そして、ＴＣＡ回路の一部（フマル酸からオキサロ酢酸に至る

### コラム　ATP の合成

生体内で行われている化学反応を特に代謝と呼ぶが，これには化学的な材料と化学エネルギーを獲得するために生体内に取り入れた種々の化合物を分解する過程（異化過程と呼ぶ）と，得られた化学物質と化学エネルギーを利用しながら自身の化学成分を合成する過程（同化過程と呼ぶ）がある．特に，低分子化合物を重合しながら必要な生体分子を合成する場合には化学エネルギー必要となる．この化学エネルギーを供給するための化合物として，一般的にはアデノシン 5'–三リン酸（ATP）が利用される．その意味において，ATP は代謝を考える上では極めて重要な化合物である．この ATP がいつ，どのようにして生みだされたのかについては現時点では不明である．しかし，ヌクレオチドに比べてアミノ酸の構造が簡単であることや現在の代謝系を見ると ATP や UTP などのヌクレオチドの合成にグリシンやアスパラギン酸などのアミノ酸が基質として使用されていることを考慮すると，ヌクレオチド合成に先んじてアミノ酸の方が先に原始地球上に蓄積していた可能性が大きい．したがって，遺伝子不在下での [GADV]–タンパク質の擬似複製によって多様な [GADV]–タンパク質が蓄積し，[GADV]–タンパク質ワールドが形成された時点になってはじめて，[GADV]–タンパク質の高い触媒活性を通じて，オリゴヌクレオチドや RNA の構成成分である ATP などのヌクレオチドが合成されたのであろう．さらに，[GADV]–タンパク質による触媒作用によって十分な量の ATP が蓄積するにつれて，様々な化合物を合成していく際の化学エネルギー運搬体として ATP が利用され始めたのだと考えることができる．

このように，ATP 合成について考えても，生命の起源に関する [GADV]–タンパク質ワールド仮説の重要性を示しているといえよう．

経路）にＳＮＳ原始遺伝暗号を使っていた頃、したがって極めて古い時期に形成され、かつ、それがアミノ酸配列を進化（変化）させながらも現在に至るまで使用され続けていると思われる酵素の多いことが分かった。

したがって、より効率性の高い新しい代謝経路に取って代わられたために、すでに代謝経路そのものが消失してしまったと思われるグリシンやバリンを対応する有機酸から直接アミノ化することによって合成する経路（消滅経路）などを除けば、今の代謝経路上で最も古い時期に形成された酵素を今なお使用していると思われる経路は、ピルビン酸近辺、および、フマル酸からオキサロ酢酸に至るＴＣＡ回路の一部を構成する酵素反応だと思われる。

このことは、この範囲内あるいはその近辺の代謝産物に、アラニンやバリンの合成に利用されるピルビン酸、アスパラギン酸の出発材料であるオキサロ酢酸が存在するほか、今ではグリシンの合成には使用されていないが、グリシン合成の材料として直接利用可能なグリオキシル酸を利用するグリオキシル酸回路が見られることからもうなずける。なぜなら、このＳＮＳ-アミノ酸を解析した結果は［ＧＡＤＶ］-アミノ酸の合成経路が最も初期の代謝経路として生み出されたはずだという、私たちの考え（図26　107ページ）と矛盾しないからである。

このように、代謝経路の形成も［ＧＡＤＶ］-アミノ酸を合成するための経路を起源として進化しながら現在に至ったと考えることができる。したがって、図26に見られるように、おそらく［ＧＡＤ

V］-アミノ酸の合成に必要な化学反応経路が、最初の代謝系としてそれぞれ独立に作られ、それらが順に連結される形で、ピルビン酸からTCA回路の一部（フマル酸からオキサロ酢酸に至る経路）がつながった。こうして、現在まで残っている経路の中では最も古い経路（原始代謝経路）として形成され、それらが進化し今に至っていると考えることができる。

## 6-7 生命進化と生物進化

次に、生命進化と生物進化について考えることとしよう。これには、生命と生物の違いをまず把握しておく必要がある。生物としての機能は持っているが、まだその形態を具体的に把握することが困難で抽象的な意味しか持ち得ないときに、それを「生命」と呼ぶことが多い。それに対して、生物と言えばすぐに、犬や猫、蝶々、桜など現在の地球上に棲む様々な生き物を想定するように、具体的な形態を認識できる現実の生命体を指すことが多い。また、生命という言葉が抽象的な意味を含み、生物という言葉が具体的な実体を指すため、生物は生命の一部ではあるが生命と言う概念の中には生物とは呼べないような生命体を含んでいるという関係になっている。

このように、生命と生物との間には必ずしもはっきりとした境界が存在するわけではないが、本書で述べているように、原始地球上の単なる化学物質が徐々に変化し、生命としての営みを始めたときから現在の地球に至るまでの間の何らかの時点で、生命は生物となったのだと考えることができる。そういう意味で、生命システムが共進化し、生命の発展が見られるにつれて生命進化が生物進化に変わり、現在に至っているのだ。生命誕生の時期を決めるためには生命そのものの定義が必要だったのと同様、ここでは生物の定義によって、どの時点で生命が生物となったかが決まるのである。

# 第7章　多様な生物種の誕生

## 7-1 現在の生命システムの形成と生物の繁栄

ＧＮＣ原初遺伝暗号にしても、［ＧＡＤＶ］-タンパク質にしても、生命の誕生に向かう過程で重要な役割を演じたとはいえ、今の普遍遺伝暗号や二〇種のアミノ酸からなるタンパク質と比べるとごく幼稚なものでしかなかった。

一方、わずか二〇種とはいえ、それだけのアミノ酸を使用できるようになると生物が生きていく上で必要などんなタンパク質も合成することが可能となった。こうして、現在の地球上の生物の繁栄がもたらされたのである。このような経過を経て、6-7節で述べたように、生命システムが進化する過程の〈どこかの時点〉で、生命は具体的なイメージを持ち得る生物となったのである。

以下では、これら生命の基本システムの進化の後半部、すなわち、遺伝暗号で言えばＳＮＳ原始遺伝暗号から普遍遺伝暗号までの過程について考えることにしよう。

## 7-2 普遍遺伝暗号の形成

一六種の遺伝暗号が一〇種のアミノ酸をコードするＳＮＳ原始遺伝暗号を中間段階として、遺伝暗号が進化し、現在の地球上のほとんどの生物が使用する普遍遺伝暗号が誕生した。

一方、現在の普遍遺伝暗号表（図7　29ページ）を見ると、三つの停止暗号（ＵＡＧ、ＵＡＡ、ＵＧＡ）はいずれもＵの段に書き込まれている。そして、フェニルアラニン、チロシン、トリプトファンなどその合成が他のアミノ酸に比べてより困難と思われる芳香族アミノ酸や比較的使用量の少ないシステインなどのいずれもがＵの段に書き込まれている。

また、ある種の細菌や原生動物、そして、ミトコンドリアなどの細胞小器官では、普遍遺伝暗号とは異なるアミノ酸をコードする非普遍遺伝暗号が使用されていることが分かっている。そして、普遍遺伝暗号の中ではアミノ酸をコードする暗号であるにもかかわらず、ある生物種内ではアミノ酸をコードしない非指定コドンの存在も確認されている。

これらの非普遍遺伝暗号や非指定コドンがどのようにして形成されたのかを詳しく述べる紙幅はないが、非普遍遺伝暗号や非指定コドンはＵの段で最も多く、続いて、Ａの段、そして、Ｃの段の順に少なくなっていること、また、Ｇの段については非普遍遺伝暗号や非指定コドンの存在がこれまでには知られていないことなどの事実から考えても、私たちの推定するようにＧＮＣ原初遺伝暗号から遺伝暗号は始まり、ＳＮＳ原始遺伝暗号を経た後、Ａの段が主として捕獲され、最後にＵの段の遺伝暗号が捕獲されたのだと考えて間違いがないであろう。

いずれにしても、ＳＮＳ原始遺伝暗号を経て、今では停止の暗号を含めて六四通りのコドンと二〇種のアミノ酸をコードする普遍遺伝暗号を使用することが可能となった。これによって初めて、翻訳（タンパク質合成）開始の暗号（主としてＡＵＧが使われるが、まれに、ＧＵＧやＵＵＧ、ＣＵＧなども使われる）や停止の暗号の他、二〇種のアミノ酸を使い分けることのできる完全な遺伝暗号が完成した。もっとも、遺伝暗号を通じて二一番目のアミノ酸であるセレノシステインや二二番目のアミノ酸のピロリシン[解説3]をタンパク質の合成に使用する微生物が存在することも知られているので、普遍遺伝暗号の完成でもって、遺伝暗号が進化の終着駅に着いたというわけではないのかもしれない。次に、タンパク質の中で使用されるアミノ酸の数がなぜ一般には二〇なのかについて考えてみることとしよう。

天然のタンパク質として使われるアミノ酸の数が二〇であることについて、その理由が分からないという意味で「マジック二〇」と呼ばれることがある。それに対して、私たちは、普遍遺伝暗号表の中でGの段に書き込まれている極めて能力の高い四種の［GADV］-アミノ酸にグルタミン酸を加えた五つのアミノ酸を基礎に、タンパク質として使用可能なアミノ酸の数が二度にわたって倍加しながら進化したためだということで説明できると考えている（なぜグルタミン酸を加えるのかという点については、8-3節で説明する）。すなわち、四種のアミノ酸をコードするGNC原初遺伝暗号や五種のアミノ酸を使用できるGNS遺伝暗号の確立によって、最低限のタンパク質の合成が始まる。それが進化することで、「SNS原始遺伝暗号」の段階、つまり、一〇種のアミノ酸をコードする遺伝暗号が形成され、さらに、これと性質の異なるアミノ酸をコードする遺伝暗号がもう一セット追加された、という流れである。

このことを野球のチームの「発展」にたとえて説明すると以下のようになるだろう。

最初は野球で遊ぶことのできる最低限の人数、四-五人で「チーム」が出来る（GNC原初遺伝暗号の頃に対応）。遊ぶ中でメンバーが加わり次第に人数を増やすことで、本格的な野球をするのに必要な九-一〇人の選手が揃う（SNS原始遺伝暗号の頃に対応）。この時点で、一応一人前の野球を行うことができるのだが、続いてさらに人数を増やし、最初の一チーム分の選手とは別に、もう一チーム分、性質の異なる選手一〇人をベンチに置きながら、適材適所に選手を交代させることを可能にしたチームが出来た。この状態が今の普遍遺伝暗号を使用しているタンパク質合成の時代に対応するわけだ。

したがって、2-2節で書いたように、実際には無数と言ってもいいくらいのアミノ酸が存在し得るにもかかわらず、生命はわずか二〇種のアミノ酸しか使っていないように見えるのは、実は、この二〇種で十分かつほぼ完全に必要なタンパク質を形作れるからなのだ。

また、これとは別に次のように考えることもできる。遺伝暗号は四種の塩基（または、ヌクレオチド）の組み合わせでできたトリプレット（三塩基の並び）で構成されているため、四×四×四＝六四種から成る。一方、一つのアミノ酸をコードするのに平均三つ程度の遺伝暗号を使用するような縮重[解説2]が見られること、そして、翻訳の停止のための遺伝暗号として三つの暗号が使用されていることを考慮すると、もちろん、なぜ、一九や二一ではなく二〇でなければならないと厳密な意味で言っているわけではないが、アミノ酸の数が二〇（すなわち、（六四—三）／三＝約二〇）であるのは、ある意味で当然の数だと言えるであろう。

生命の誕生以来、こうして、使用可能なアミノ酸の種類が増加しタンパク質の機能が高まるにつれて、多様な生物種の形成も可能となったのだと思われる。

# 7-3 後期遺伝子の進化

SNS原始遺伝暗号から普遍遺伝暗号へと進化するにつれて、使用可能なアミノ酸は二〇種となった。その場合でも、遺伝子はSNS原始遺伝暗号の下で、$(SNS)_n$遺伝子を使用していたのとほぼ同じやり方で新規遺伝子を形成し、新しい遺伝子とそれがコードする新規なタンパク質を使用することができた。

なぜなら、私たちが提唱する「GC-NSF(a)原始遺伝子仮説」[基本用語3(8、20)]に従えば、新規な遺伝子はSNSの繰り返し配列に近い性質を持つGC含量の高い遺伝子のアンチセンス鎖(GC-NSF(a))から生み出されていると考えられるからである。

このように、SNSが適度な二次構造を持つための六つの構造条件を満足できることから考えると、SNSをランダムに並べた塩基配列がコードするタンパク質なら、高い確率で水中で球状構造をとることができる。この性質を利用して、今でも必要が生じたら必要な活性を持つタンパク質をコードする新規遺伝子が生み出されていると考えられる。すなわち、新規遺伝子を形成する場として$(SNS)_n$とよく似た塩基配列をGC含量の高い遺伝子のアンチセンス鎖の上に今なお保持し、それを利用することによって必要に応じて新規な遺伝子が作られ続けているのである。

また、細菌ゲノムのGC含量を調べてみると、土壌細菌のように比較的栄養環境の悪いところに棲息する微生物ゲノムほど一般にGC含量が高い傾向が観察される。逆に、腸内細菌のように他の生物種に大部分の栄養を依存し寄生しながら生活しているため、比較的栄養環境の良いところで生きている微生物のゲノムでは、一般にGC含量はより低く、したがって、よりAT含量が高くなる傾向が見られる。遠い過去の地球上は当然のことながら栄養環境の乏しい環境だったと思われる。私たちの遺伝暗号や遺伝子の起源に関する考えによれば、はるか遠い昔に生きていた生物種も(GNC)$^n$や(SNS)$^n$など八三パーセントにも達するGC含量の高いゲノムを持っていたと思われる。このことはGC含量の高いゲノムを持った生物は、今も昔も、栄養環境の乏しいところでの生きている生き物なのだという考え方と矛盾しない。

このような過程を経て生み出され普遍遺伝暗号の下で生きている現存生物の遺伝子の一例として、大腸菌が使用している *rpoZ* 遺伝子を示すこととする(図32)。この図32を図23(97ページ)や図31(135ページ)と比較すると、使用されるアミノ酸の種類は変化しても疎水性/親水性パターンや二次構造パターンに大きな違いがないことが分かるであろう。

大腸菌 *rpoZ* 遺伝子とそのアミノ酸配列

プロモーター　　　　　　　　　　　　転写開始

ttggcagactgaacctgatttcagtatcatgcccagtcatttcttcacctgtggagcttt

ttaagtatggcacgcgtaactgttcaggacgctgtagagaaaattggtaaccgttttgac

Ⓜ A R Ⓥ T Ⓥ Q D A Ⓥ E K Ⓘ G N R Ⓕ D

E E E E E E H H H H H H H C C C C C

ctggtactggtcgccgcgcgtcgcgctcgtcagatgcaggtaggcggaaaggatccgctg

Ⓛ Ⓥ Ⓛ Ⓥ A A R R A R Q Ⓜ Q Ⓥ G G K D P Ⓛ

E E E E E H H H H H H H H H C C C C C H

gtaccggaagaaaacgataaaaccactgtaatcgcgctgcgcgaaatcgaagaaggtctg

Ⓥ P E E N D K T T Ⓥ Ⓘ A Ⓛ R E Ⓘ E E G Ⓛ

H H H H H H H C H H H H H H H H H H C E

atcaacaaccagatcctcgacgttcgcgaacgccaggaacagcaagagcaggaagccgct

Ⓘ N N Q Ⓘ Ⓛ D Ⓥ R E R Q E Q Q E Q E A A

E E E E E E E E H H H H H H H H H H H H

gaattacaagccgttaccgctattgctgaaggtcgtcgttaatcacaaagcgggtcgccc

E Ⓛ Q A Ⓥ T A Ⓘ A E G R R *

H H H H H H H H H H C C C

**図 32** ●遺伝子の例：遺伝情報（タンパク質のアミノ酸配列を指令する塩基配列）は，翻訳開始の暗号である左上隅の atg（○印：メチオニン）から 3 塩基ずつ遺伝暗号にしたがってアミノ酸の配列に置き換えられ，翻訳停止の暗号（* 印，taa）で終了する．mRNA の合成は RNA ポリメラーゼがプロモーター配列を認識することによって始まる．なお，1 行目は塩基配列（小文字），2 行目はアミノ酸配列，3 行目は，Chou-Fasman 法による二次構造予測の結果を示す．

# 7-4 後期タンパク質の進化

アミノ酸の合成経路の拡大を起動力としてＳＮＳ原始遺伝暗号から普遍遺伝暗号へと進化するにつれ、遺伝子の進化が起こり、同時にタンパク質内で使用可能なアミノ酸数が二〇へと増加した。それと並行して、ＳＮＳ原始遺伝子の下で、（ＳＮＳ）$_n$遺伝子を使用していたのとほぼ同じやり方でＧＣ-ＮＳＦ（ａ）を新しい遺伝子とする新しいタンパク質が形成されているのである。

しかし、私たちが主張するように現在もＧＣ-ＮＳＦ（ａ）から新規な遺伝子が生み出されているとすると、その遺伝子は常にＧＣ含量が高く、しかも新規遺伝子がＳＮＳの繰り返し配列に近いことから、新たに生み出されるタンパク質はＳＮＳがコードする一〇種のアミノ酸を主に使用するものとなるはずだと多くの読者は考えるのかもしれない。しかし、実際にはＧＣ含量が二五パーセントほどのＧＣ含量の低い遺伝子も数多くあり、それに応じて現在の生物種の中にはＳＮＳがコードする一〇種のアミノ酸とは異なる、アミノ酸の方をより高い頻度で使用するタンパク質も数多く見られる。この事実に対しては、私は6-5節で述べたのと同様、新たなタンパク質が生み出される二つの経路を考慮し、以下のように説明している。

（1）すでに存在する遺伝子が重複した後、一方の遺伝子に突然変異を集積し、新たなタンパク質をコードする遺伝子へと変化（進化）する経路。この場合には、重複する遺伝子の性質に応じてＡＴ含量の高い遺伝子として直接生まれる場合も、ＧＣ含量の高い遺伝子として生まれる場合もあり得る。ただ、いずれにしてもそれまでに使用されていたセンス側の遺伝子上での突然変異の集積による変化（もちろん、ここでもセンス側での突然変異の置換を強調して書いている）であり、従来から使用されていたタンパク質のアミノ酸配列を変化させることによって、元のタンパク質と相同な新たなタンパク質を生み出す経路である。

（２）第二の経路は、ＧＣ-ＮＳＦ（ａ）遺伝子起源仮説にしたがって、ＧＣ含量の高い遺伝子が重複後、一方の遺伝子のアンチセンス側に変異を集積すること（この場合も、意味のあるアンチセンス側の突然変異を強調している）によって新たなタンパク質を生み出す経路であり、この場合には、全く新規なアミノ酸配列を持つ新たなタンパク質が直接生み出される。

このように、センス側の塩基配列から新たな遺伝子が生み出される（１）の経路にしても、ＧＣ-ＮＳＦ（ａ）から生み出される（２）の経路にしても、それらは必要に応じてタンパク質の活性を維持しながら徐々にＧＣ含量を低下させ（すなわちＡＴ含量を高め）、ＳＮＳがコードするアミノ酸以外のアミノ酸を高頻度に使用するタンパク質へと変化することも可能である。そのことが、遺伝子の多様性を生み出し、生物種の多様性をさらに高めることができたのだと考えることができよう。

## 7-5 後期代謝系の進化

代謝系が成長し、様々な化学物質を合成できるようになればなるほど、新しい化学反応のチャンスが生まれる。それに応じて、（SNS）$^{n}$やGC–NSF（a）を起源とする新しい遺伝子から新しい酵素が生み出され、新しい代謝系も成長していったのだと思われる。

SNSがコードする一〇種のアミノ酸からでも、一〇〇個のアミノ酸からなる比較的小型のタンパク質が作られれば、その多様度は一〇の一〇〇乗にのぼる。これが二〇種となると、同じく一〇〇個のアミノ酸からなるタンパク質の場合、その多様度は二〇の一〇〇乗＝約一〇の一三〇乗にも達する。タンパク質の0次構造という六つのタンパク質の構造形成条件（疎水性度／親水性度、α–ヘリックス、β–シート、β–ターン形成能の四つの条件に、酸性アミノ酸含量と塩基性アミノ酸含量を加えたもの）を満足できる特異なアミノ酸組成を活用することによって、その極めて大きな多様度の中から水溶性で球状のタンパク質を効果的に生み出す仕組みを持ち続けることで、代謝系は発展・進化してきたのだ。

一例として、現在の代謝系の中で中心的な二つの経路を取り上げ、どのように現在の代謝系が形成されてきたのかを考えてみることとする。まず直線的な代謝経路として、解糖系に関わる酵素群を解析した結果について説明する。この解糖系に含まれる酵素群を解析するとその終着点付近であるピルビン酸近辺とグリセルアルデヒド-3-リン酸近辺、そしてグルコースからグルコース-6-リン酸を合成する経路付近に、古い時期に生み出されたと思われる酵素の多いことが分かる。これを考慮すると、解糖系はピルビン酸近辺およびグリセルアルデヒド-3-リン酸の近くから代謝系が始まり、おそらくは試行錯誤を繰り返しながら、それぞれがいくつかの方向に向かって互いの経路を徐々に延ばしているうちに、代謝物を共有できたときに直線状の代謝経路(現在の解糖系)が完成したのだと推定することができる。

次に、TCA回路を例として回路状の経路の形成過程を見てみよう。この回路を構成している酵素群の中では、フマル酸からオキサロ酢酸にかけての代謝を触媒する酵素に、古い時期に作られたと考えられるものが比較的集中している。したがって、フマル酸からオキサロ酢酸にかけての酵素群から代謝系が生み出され、これを中心として両側に伸びていく過程で、両側から伸びた代謝系の生成物が共有されたときに回路状の代謝経路が完成したのであろう。

このように生命の基本システムである、遺伝子や遺伝暗号、タンパク質や代謝系は、それぞれの素朴なあるいは幼稚とも思えるような簡単なシステムから始まり、アミノ酸の合成経路の拡大を起点として互いが共進化することによって、徐々により高い機能を持つタンパク質を獲得した。その際、新しいレベルに変化するときにはそれ以前のシステムよりも有意に高い機能を持ったシステムを形成できたときに始めて新旧の変換が起こった。そのことがさらに次のより高度な機能を持った新たなシステムを生み出す要因となってラセンを描くようにより高いレベルを目指して共進化してきたのだ（図30　132ページ）。そして、このことが現在の地球上に存在する見事な奇跡とも思える生命を、そして生物を生み出すことができたのである。

# 第8章 ［ＧＡＤＶ］-タンパク質ワールド仮説と生命の基本システム

６章と７章では、「［ＧＡＤＶ］-タンパク質ワールド仮説」の立場から、生命進化がどう説明できるかについて述べた。そこで、本章では「［ＧＡＤＶ］-タンパク質ワールド仮説」の立場から、現存の生物が持つ生命の基本システム、すなわち遺伝子や遺伝暗号、タンパク質などの代表的な特徴が、かなり上手く説明できることを示すことにしよう。そうすることによって、「［ＧＡＤＶ］-タンパク質ワールド仮説」の妥当性の一端を示すことができるからである。

# 8-1
## 遺伝子の特徴

### コドン位置ごとの塩基組成

ＧＣ含量の異なる様々な遺伝子のコドンの塩基位置一番目の塩基組成を平均的に見ると、ＧＣ含量の高い遺伝子はもちろんのこと、ＧＣ含量の低い遺伝子であってもグアニン（Ｇ）の含量が最大となっている。これは、遺伝暗号の最も初期のものがＧＮＣから始まったこと、したがって、タンパク質にとってはＧＮＣがコードするアミノ酸が最も基本的で重要なアミノ酸であることを示している。そのため、他のアミノ酸に比べて比較的使用頻度の高いアミノ酸が遺伝暗号表のＧで始まる段に書き込まれているのだと考えることができる。

ＧＣ含量の高い遺伝子では特にその特徴が顕著であるが、コドンの塩基位置二番目では四種の塩基のいずれもがほぼ同じ割合で含まれている。これは、ＧＮＣやＳＮＳなどより基本的な原始遺伝暗号の塩基位置二番目の塩基がＮで表されているように、四種の塩基がほぼ同じ割合で含まれたとき、それらの遺伝暗号によってコードされるタンパク質が水溶性で球状となる確率が高くなるためであろう。

## 8-2 遺伝暗号の特徴

### 遺伝暗号がトリプレットである理由

現在、地球上の生物が使用している遺伝暗号がトリプレットとなっている理由は、グリシン、アラニン、アスパラギン酸、バリンとGNCとの相互作用に少なくとも三ヌクレオチドを必要としたためであり、こうして形成されたGNC原初遺伝暗号が形式的にトリプレットだったからである。

このようにGNCが最も古い遺伝暗号として使用されたため、遺伝暗号の一番目と三番目の塩基の種類を増やすだけで遺伝暗号が進化し、それとともに、二〇種のアミノ酸を使用することが可能となり、多様な生物種の棲む現在の地球を生み出すことができたのである。

このGNC原初遺伝暗号の中で変わり得る塩基は塩基位置二番目のNのところだけであり、形式的にはトリプレットでありながら実質上はシングレット（一×四×一＝四）の遺伝暗号であった。

さらに、GNC原初遺伝暗号を引き継いだSNSも形式的にトリプレットの遺伝暗号となった。このSNS原始遺伝暗号では、第一塩基位置と第三塩基位置については、GとC（＝S）だけに限定され、第二塩基位置は四種の塩基が使用可能となっている。したがって、SNSの多様度は二×四×二＝（四×四）＝一六と計算されるので、SNS原始遺伝暗号は実質上ダブレットとして機能する暗号である。

このように、形式的にトリプレットでありながら、実質的にはシングレットからダブレットへ、そして、形式的にも実質的にもトリプレットの普遍遺伝暗号へと進化してきたのである。そのために、現在の遺伝暗号もトリプレットとなっているのだ。

## 遺伝暗号の周期性

普遍遺伝暗号表を見ると、第二塩基位置がUである左端の列には疎水性の大きなアミノ酸が並び、第二塩基位置Cの列は中性で弱い親水性のアミノ酸が並んでいる。また、第二塩基位置Aの列には塩基性アミノ酸や酸性アミノ酸というように親水性の大きなアミノ酸が並んでいる。

このように、遺伝暗号表は、元素の周期表で見られるように縦の列ごとに同じような性格のアミノ酸が並んでいる。その理由は、GNC原初遺伝暗号に続いて、SNS遺伝暗号を経て現在の普遍遺伝暗号に至ったように、現在の遺伝暗号表の中で縦に進化したしたため、縦に同じような性質のアミノ酸が並ぶ傾向が生まれたのだと説明できる。

## 遺伝暗号の配置

遺伝暗号表では、二次構造形成能（α-ヘリックスやβ-シート、β-ターン形成能など）の異なるアミノ酸は、一見、無秩序に並んでいるように見える。しかし、遺伝子のGC含量が異なり、遺伝子がコードするアミノ酸の組成が変化しても、総じてタンパク質はその中に含まれる疎水性度や二次構造を形成する能力をほぼ一定に保てるような配置となっている。

このような遺伝暗号の絶妙な配置は偶然にできた訳ではなく、また、あらゆる組み合わせの遺伝暗号表を試行し、その中から最適なものとして現在の普遍遺伝暗号を選択した訳でもない。むしろ、GNC原初遺伝暗号から進化する過程で、異なる性質を持つアミノ酸を順に捕獲したが、その際、常に、それまでの遺伝暗号よりも高い機能を持つ遺伝暗号となるように、しかも、疎水性／親水性度、α-ヘリックスやβ-シート、β-ターン形成能などについてもより好都合となるようアミノ酸と遺伝暗号を捕獲したと私たちは考える。

言い換えれば、わずか四種のコドンと四種のアミノ酸からなるGNC原初遺伝暗号が見事な組み合わせの遺伝暗号であったこと、そして、新たなアミノ酸を捕獲する際に、それまでの遺伝暗号よりも同じ程度か効率の悪い遺伝暗号となった場合には排除され、より高いレベルの遺伝暗号を積み上げるように形成したことで、現在の普遍遺伝暗号が全体として絶妙の配置となっているのだ。

## 8-3 タンパク質の特徴

タンパク質の平均アミノ酸組成

大腸菌やインフルエンザ菌のゲノムがコードする全タンパク質の平均アミノ酸組成はＧＣ含量によって決まるが、それらは独特のパターンとなっている。このことは、ＧＣ含量の高い遺伝子のアンチセンス鎖（ＧＣ－ＮＳＦ（ａ））を仮想的な祖先遺伝子とする以下に示すような遺伝子とタンパク質のコンピューターによる進化シミュレーションによって説明できる。

（１）あるＧＣ－ＮＳＦ（ａ）を祖先遺伝子として選択する（この祖先遺伝子はＧＣ含量の高い遺伝子のアンチセンス鎖であり、特別に変わったものでさえなければどんなものでも基本的には使用可能である）。

（２）その祖先遺伝子に小さな割合で突然変異を導入する。それによって得られた新たな遺伝子がコードする仮想的なタンパク質が六つのタンパク質の構造形成条件（四つの構造条件に酸性アミノ酸含量と塩基性アミノ酸含量を加えたもの。四つの条件よりも、使用できるアミノ酸の種類の多いタンパク質を考える際の構造形成条件）を使って、ある特定のＧＣ／ＡＴ変異圧の下で進化シミュレーションを行い、実際の細菌が持つゲノムのＧＣ含量に近い遺伝子がコードするタンパク質を選択する。

（３）シミュレーションによって得られた仮想的なタンパク質の平均アミノ酸組成を実在の細菌が

持つ平均アミノ酸組成と比較する。

以上のような作業の結果、シミュレーションによって得られた仮想的なタンパク質の平均アミノ酸組成は、実在の細菌が持つ平均アミノ酸組成とほぼ同じになることが分かった。このことは、私たちが推定するように、遺伝子は基本的にはGC含量の高い遺伝子のアンチセンス鎖（GC-NSF（a））から生まれていることを示している。

## タンパク質内のアミノ酸の種類が一般には二〇種である理由について

これについては、アミノ酸をコードする遺伝暗号が四種のアミノ酸をコードするGNC原初遺伝暗号から始まり、引き続いて捕獲されたGAGがコードするグルタミン酸を含めた五種のアミノ酸を基礎としていることと関係が深い。これについてはすでに7-2節で述べたので、ここではなぜ私たちがGNCがコードする四種ではなく、五種のアミノ酸を基礎としているのかを中心に説明することとする。その理由はGAGがコードするグルタミン酸が捕獲された時点で、五種のアミノ酸が使用する遺伝暗号の数の比率はGly：Ala：Asp：Glu：Val＝1：1：0.5：0.5：1となる。アスパラギン酸とグルタミン酸をあわせて初めて、他の三つのグリシン、アラニン、バリンの比率と同じになること、したがって、最も初期のGNC原初遺伝暗号のアミノ酸数が四種であったとしても、遺伝暗号表全体を考えるときにはGNSという暗号がコードする五種を基礎とする方が普遍遺伝暗号表の中のGの段の寄与を一つの単位として考えることができるからである。そして、これを基礎として二度にわたる遺伝暗号の倍加が起こり（一度目は、ＳＮＳ原始遺伝暗号の形成期、二度目は普遍遺伝暗号の形成期）、最終的には五×二×二＝二〇となったと考えて説明できる。

## タンパク質はアミノ酸をランダムにつなぐことを基礎として作り上げられている。

タンパク質がどのような原理で生み出され作り上げられているのかについては、あまりよく知られていない。しかし、私たちは遺伝子や遺伝暗号の起源を考えていく過程で、次のような点に気がついた。

専門家の方は、すでに気づかれているのではと思うが、私たちは新規に生み出される遺伝子や原始遺伝暗号がコードするタンパク質を考える際に、アミノ酸配列ではなくアミノ酸組成を基礎として解析した。それにもかかわらず、いくつかの正しいと思える結論に達したのである。

もしも、これまでの解析結果の大筋が間違っていないのなら、タンパク質は、実は、ある特定のアミノ酸組成の範囲（たとえば、ＧＮＣ原初遺伝暗号がコードする四種の［ＧＡＤＶ］‐アミノ酸やＳＮＳ原始遺伝暗号がコードする一〇種の［ＧＡＤＶＥＬＰＨＱＲ］‐アミノ酸などで、私たちはこれらをタンパク質の０次構造と名づけている。図18　67ページ）でアミノ酸をランダムにつなぐことによって形成されているのではないかとの思いが強くなった。

もしも、その推定が正しいのなら、細菌ゲノムがコードする二つのアミノ酸組成を掛け合わせることによって得られた二つのアミノ酸が隣り合う期待値と、細菌のゲノムがコードする全タンパク質の中で実際に二つのアミノ酸が隣り合う頻度とが一致するはずである。そこで、私たちの推測が正しいのかどうかを確認するため、二〇種のアミノ酸が隣り合う四〇〇通りのすべての組み合わせについて期待値と実測値をプロットした。その結果、ほとんどの点が驚くほど見事に、傾き一の直線の周りに分布したのである。

このことは、確かにタンパク質はアミノ酸を基本的にはランダムにつなぎ合わせることによって作られていることを示している。しかも、よく考えてみると、実際に新たなタンパク質を生み出す際、活性なタンパク質を作るため特定の箇所に特定の二次構造を指定するようにアミノ酸配列をあらかじめ設計することは不可能なはずである。したがって、初めて作り出すタンパク質は、アミノ酸をランダムにつないでも高い確率で活性なタンパク質となる特定のアミノ酸組成を利用するしか方法はない。そして、それこそが最も効果的な新規タンパク質の生成戦略となっているのである。

ただ、タンパク質がタンパク質ごとに構造的にも機能的にも性質が異なっているものだということをよくご存知の方には、この考え方は、素直には受け入れ難いものでもあろう。しかし、実際には水溶性で球状となる確率の高いアミノ酸組成（タンパク質の0次構造）に含まれるアミノ酸をランダムに選択し、これを結合させる。こうして得られた多様なタンパク質集団の中から、必要とする活性を持ち得たものを選択し、使用しているだけのことなのである。その結果として生み出されたタンパク質のそれぞれが、かなり大きな個性を持っているというのが実際のところなのであろう。そして、これ以外にタンパク質の生成戦略を想定することは困難である。

### 保存・非保存領域でのSNSアミノ酸含量の分布

異なる細菌の持つ酵素のうち、代謝経路上で同じ化学反応を触媒するものは、多くの場合、共通の祖先から生み出された相同なタンパク質である。というのは、そのようなタンパク質を異なる複数の細菌から取り出し、一次構造を並置すると、多くの場合、三〇パーセントを越す保存されたアミノ酸を見出すことができるからであり、その一致率は独立に生み出されたタンパク質としては確率的にありえないほどの高さだからである。このようなタンパク質を並置した際に一致するアミノ酸は、進化の過程で保存されてきたアミノ酸だと思われ、そこには祖先タンパク質の性格が色濃く残されているはずである。

もしも、この予想が正しいのだとすれば、保存領域のアミノ酸組成を解析することで、タンパク質の進化経路や祖先遺伝子がコードする祖先タンパク質についての情報が得られるはずである。そこで、実際に一〇種以上の異なる細菌のデータベースから相同なタンパク質を取り出し、それらを並置することによって得られる保存領域のＳＮＳ-アミノ酸の含量を調べてみた。その結果、多くの場合、保存領域のSNSアミノ酸含量は、並置したタンパク質のうちGC含量の高い遺伝子がコードするタンパク質の非保存領域のSNS-アミノ酸含量とほぼ等しいことが分かった。

このことは、私たちが予想するように、遺伝子はSNS-アミノ酸を多くコードする遺伝子として生まれていること、言い換えれば、遺伝子はGC含量の高い遺伝子として生まれ、タンパク質はSNS-アミノ酸含量の高いタンパク質として生み出されていることを意味している。そして、必要に応じてGC含量を低下させ、よりSNS-アミノ酸含量の低いタンパク質を生み出しているだけのことである。

## 8-4 代謝経路の特徴

### アミノ酸の合成系が代謝経路図全体に広がっていること

現在の代謝経路図を見ると、糖代謝が中心にあり、そこから脂質の合成系やアミノ酸の合成系、核酸の合成系が枝を出すように伸びている。特に、アミノ酸の合成系は代謝経路図全体に広がっているように見える。

したがって、糖代謝が代謝系の中心であり、代謝系は糖代謝から始まったと考える人も多いのだろう。しかし、私たちは、遺伝暗号はＧＮＣ原初遺伝暗号がコードする四種の［ＧＡＤＶ］-アミノ酸の合成系が独立に（バラバラに）生み出され、それらを効果的に合成できるように代謝系が成長したのだと考えている（5-5節、6-6節、7-5節）。また、代謝経路が拡大する中で、新たなアミノ酸を合成するのに好都合な中間代謝物が生じたときに、その中間体を使用した新たなアミノ酸の合成経路が生み出された。そのために、アミノ酸の合成経路が代謝系全体に広がっているのだ考えることができる。

## アミノ酸の合成系と分解系

次に、アミノ酸の合成系と分解系では、どちらが古い時期に作られた経路なのかを考えることにしよう。エネルギー的に考えると、一般的には合成系の方が自由エネルギーの大きな方に向かって進む反応であり、分解系の方は自由エネルギーが減少する方向である。したがって、分解系の方が合成系よりはエネルギー的に見て有利な方向となっている。そのため、分解系の方がより容易に形成できる経路であり、合成系よりも早い時期に形成された経路だと考える人もいよう。

しかし、保存領域と非保存領域のＳＮＳ-アミノ酸含量を分析してみると、アミノ酸合成系の酵素の方が、分解系の酵素よりも明らかに古い時代に作られたものが多いことが分かった。このことは、反応が進みやすいからその反応を触媒する酵素が作られたのではなく、アミノ酸の合成系が完成し、そのことによって分解するためのアミノ酸が蓄積し、それを分解する必要が生じて初めてアミノ酸分解の代謝系が作られたことを示している。もちろん、この方が目的にかなったものであり、このような形成順序しかありえないこともすぐに分かる。

ここまで説明してきたように、遺伝子や遺伝暗号、タンパク質、代謝からなる生命の基本システムの起源と形成、さらには、生命の起源という生命進化に関わる重要事項は、私たちの「GNC-SNS原始遺伝暗号仮説」を中心にすえれば統一的に解釈できる。もちろんこれまでにも多くの研究者達によって遺伝子や遺伝暗号、タンパク質、代謝そして生命の起源に関する仮説や考え方が提出されているが、それらの議論は、どちらかと言えば各々の事項を独立に議論してきた傾向が強い。そのためもあって、私たちの得た結論とはそのいずれもが異なっている。

しかし、すでに指摘したように、生命の基本的なシステムに関わる諸事象、すなわち遺伝子や遺伝暗号、タンパク質そして代謝系は互いに共進化せざるを得ないシステムであり、したがって、統一的に説明されるべきである。このような点から考えても、私たちの考え方が全体として正しい方向を示していると納得していただけるのではないだろうか。

# 第9章……［GADV］-タンパク質ワールド仮説とRNAワールド仮説

本書もいよいよ最後に近づいてきた。ここでややくどくはあると思うが、私たちの主張する生命起源仮説すなわち「［GADV］-タンパク質ワールド仮説」と、これまで広く受け入れられてきた「RNAワールド仮説」の特徴的な部分を対比しながら、どこがどのように違うのかをあらためて確認しておくことにしよう。さらに、私たちは生命の起源を考える過程で、生命の起源には当然と思える「三つの原則」が存在することに気づいた。そこで、本章の後半部ではその三つの原則に沿って「［GADV］-タンパク質ワールド仮説」と「RNAワールド仮説」の違いを解説することとしたい。それによっても、「［GADV］-タンパク質ワールド仮説」と「RNAワールド仮説」の違いが明瞭になるからである。

## 9-1 ［GADV］-アミノ酸とヌクレオチド

最初に、「［GADV］-タンパク質ワールド仮説」と「RNAワールド仮説」との中で中心となる化学物質の特徴を比較することとする。前者の構成成分はグリシン、アラニン、アスパラギン酸、バリンという比較的構造の簡単な四種のアミノ酸である。したがって、これらのアミノ酸は化学進化的に原始地球上でも容易に合成できたに違いない。それに対して、「RNAワールド仮説」では、四種のヌクレオチドをその構成成分としており、ヌクレオチドの構造が複雑であることもあって、化学進化的に合成することが極めて困難である。

このように、二つの仮説の間には、前者が構造が簡単で化学進化的に合成の容易なアミノ酸を基礎としているのに対して、後者はより合成の困難なヌクレオチドを基礎としているという違いがある。これらの点については2-1節や3-6節ですでに詳しく述べた。

## 9-2 擬似複製と自己複製

「[GADV]-タンパク質ワールド仮説」では[GADV]-タンパク質による擬似複製に根拠を置いているのに対して、「RNAワールド仮説」ではRNAの自己複製に根拠を置いている。

擬似複製という概念はこれまでほとんど言われることがなかったが、現在のようなDNAとタンパク質による複製システムが確立される以前は、生命の起源に結びつく多様な機能を発揮し得る化学物質（[GADV]-タンパク質）を生み出す手段としては、このような擬似複製しかなかったと思われる。それに対して、自己複製は鋳型となる分子が、同時に触媒として機能しなければならないという自己矛盾をその中に抱えている。このことについては3-4節で詳しく記載した。

## 9-3 代謝前成説と複製前成説

生命の起源に関する代謝前成説と複製前成説は、本書で説明したような「[GADV]-タンパク質ワールド仮説」や「RNAワールド仮説」の議論とは独立に議論されている事柄である。とはいえ、

「[GADV]-タンパク質ワールド仮説」がほぼ代謝前成説に対応しており、「RNAワールド仮説」が複製前成説と対応しているのも事実だ。

この点に関して言えば、3-5節で詳しく説明したように、私たちには生命の誕生に至る過程では触媒機能が重視されざるを得ないし、複製そのものよりも重要であると思えてならない。

## 9-4 タンパク質膜と脂質膜

「[GADV]-タンパク質ワールド仮説」の立場で細胞膜の形成過程を考えると、やはり、[GADV]-タンパク質を中心とする原始的な膜から生命活動が始まったと考えられる。それに対して、「RNAワールド仮説」では細胞膜についての言及がない。

したがって、「[GADV]-タンパク質ワールド仮説」の立場からの議論しかできないが、これについては、5-3節の中で詳しく説明した。

## 9-5 遺伝情報の流れと生命システムの形成過程

「[GADV]-タンパク質ワールド仮説」では、現在の遺伝情報の発現システムは、遺伝情報の終着点であるタンパク質の働きによる代謝から逆に、タンパク質の生成、RNAの形成、そして、DNAの形成へと遺伝情報の流れを遡るように形成されたと考える。それに対して、「RNAワールド仮説」の立場に立つと、現在の遺伝情報システムは中間のRNAから始まり、遺伝情報機能を上流側のDNAに、触媒機能を下流側のタンパク質に渡すような形で進化し形成されたと推定される。

この点についての議論は、3-6節で触れた。

このように、いずれの点についても「[GADV]-タンパク質ワールド仮説」の方が「RNAワールド仮説」よりも説得力がある、少なくともはるかに合理的に生命起源と進化を説明できる、と思うのだがいかがだろうか。もちろん「合理的である」ことがすなわち正しいとは限らない。最終的には、実験によって証明されることが必要ではあるのだが。しかし、これまで述べたように、基礎的な実験やシミュレーションは、すでに成功している。私たちの手法を発展させて（もちろん別の手法もあろうと思うが）、「[GADV]-タンパク質ワールド仮説」が証明される日がいつか来ると信じたい。

それはそれとして、「合理性」に関わるのだが、生命の起源と進化を考えるに当たって成立しているように思われる三つの流れ（私はこれを思い切って「原則」と呼びたい）について説明することとしよう。

## 9-6 生命の起源における三原則

（第一原則）より単純なものからより複雑なものへ

あるものから一つの物事が生まれ発展していく過程では、単純なものから徐々に複雑な物へと進行するという原則が成立すると考えるのが、直感的にも理にかなっていよう。そして、私たちの「[GADV]-タンパク質ワールド仮説」は、より構造の簡単なアミノ酸からより構造の複雑なヌクレオチドへ、そして、さらに複雑なRNAやDNAの形成へと進んだというようにこの原則に沿った方向で考える議論なのだ。それに対して、「RNAワールド仮説」は、より複雑なヌクレオチドからなるRNAから始まり、より単純なアミノ酸やタンパク質が後になって形成されたとする、無理な発想とは言えないだろうか。

（第二原則）ランダムな配列からより特異な配列へ

生命を生み出すための第一歩は、生命の基本システムに関する物が何もないところから始まったはずである。そのようなとき、完全に化学進化のプロセスにまかせて生まれてくるものは、どうしてもランダムな配列のものにしかなりえない。その後に、ある特定のシステムが構築され、それによって初めて、特異な配列を効果的に生み出すことができるのである。「［GADV］-タンパク質ワールド仮説」では、化学進化的に容易に合成される四種の［GADV］-アミノ酸を出発点として、ランダムに結合することによって生み出される［GADV］-タンパク質を生命誕生ための基礎としている。「RNAワールド仮説」はこれに反しているというわけではないが、少なくとも、物質の組成や機能が、次第に秩序だったものになっていくという視点に無頓着である。

## （第三原則）機能から情報へ

これについては、すでに、代謝前成説と複製前成説のところで議論しているので、ここでは省略する。ただ、「［GADV］-タンパク質ワールド仮説」では確かに、この方向にも合致している。それに対して、「RNAワールド仮説」ではその方向が逆向きとなっている。

以上のように、生命が誕生するまでの歩みの中で当然成立していると思われる三つの「原則」から見ても、「［GADV］-タンパク質ワールド仮説」方が自然な考え方となっている。それに対して、「RNAワールド仮説」ではその考え方が逆の方向となっているか、あるいは無頓着である。何度も言うように、合理的であることだけで、正しさは証明できない。しかし、事柄を上手く説明できるか否か、ということは、科学における仮説やモデルが受け入れられる、重要な要件である。ここまで読み進めてこられた皆さんは、「[GADV]-タンパク質ワールド仮説」と「RNAワールド仮説」のどちらが信頼できるとお考えだろうか。

# 参考文献


(1) Dyson, 1985, Origins of Life. Cambridge, Cambridge U.P.　Kauffman, 1993, The Origins of Order. Self-Organization and Selection in Evolution. Oxford, Oxford U.P.　Kauffman, S. A., 2000, Investigations, Oxford, Oxford U.P.

(2) Pross, A., 2003, The Driving Force for Life's Emergence. Kinetic and Thermodynamic Considerations. J. Theor. Biol., 220, 393–406:　Pross, A., 2004, Causation and the Origin of Life. Metabolism or Replication First? Ori. Life Evol. Biosph., 34, 307–321.

(3) Melosh, H. J., 1988, The Rocky Road to Panspermia. Nature, 332, 687–688.

(4) Gilbert, W., 1986, The RNA world, Nature, 319, 618.

(5) Gesteland, R. F., Cech, T. R. and Atkins, J. F., 1999, The RNA World, Cold Spring Harbor Laboratory Press.

(6) 池原健二, 1999, 生命の起源についてのＲＮＡワールド仮説は正しいか？（生命は蛋白質ワールドから生まれた！）, 生物科学, 51, 43–53.; 池原健二, 2000, 生命はタンパク質から生まれた!?: ［ＧＡＤＶ］-タンパク質ワールド仮説, 化学（化学同人）, 55, 14–19.

(7) Ikehara, K., 2005, Possible Steps to the Emergence of Life: The [GADV]-Protein World Hypothesis, Chem. Rec., 5, 107-118.

(8) 池原健二, 2001, 遺伝子, 遺伝暗号, 蛋白質および生命の起原（ＧＮＣ-ＳＮＳ原始遺伝暗号仮説から見た生命の基本システム）, Viva Origino, 29, 66–85.; Ikehara, K., 2002, Origins of Gene, Genetic Code, Protein and Life: Compre-

hensive view of life systems from a GNC-SNS primitive genetic code hypothesis, J. Biosci., 27, 165-186 (a modified English version of the paper, which was written in Japanese and published from Viva Origino, 29, 66-85 (2001)).
(9) Ikehara, K., Omori, Y., Arai, R. and Hirose, A., 2002, A Novel Theory on the Origin of the Genetic Code: A GNC-SNS Hypothesis, J. Mol. Evol., 54, 530-538.; Ikehara, K., 2003, Simulation of Gene Evolution (evidence for GC-NSF (a) hypothesis on the origin of genes), Viva Origino, 31, 201-215.
(10) Oba, T., Fukushima, J., Maruyama, M., Iwamoto, R., and Ikehara, K., 2005, Catalytic Activities of [GADV]-peptides. Evidence for the [GADV]-protein world hypothesis on the origin of life. Ori. Life Evol. Biosph, 35, 447-460.
(11) Kasting, J. F., 1993, Earth's Early Atmosphere, Science, 259, 920-926.
(12) Miller, S., and Orgel, L. E., 1974, The Origin of Life on the Earth, Prentice-Hall.
(13) Bock, A., Forchhammer, k., Heider, J., Leinfelder, W., Sawers, G., Veprek, B., Zinoni, F., 1991, Selenocystein: the 21st amino acid. Mol. Microbiol., 5, 515-520.;
(14) Srinevasan, G., James, C. M., and Krzycki, A., 2002, Pyyrolysine Encoded by UAG in Archaea: Charging of a UAG-decoding specialized tRNA. Science, 296, 1459-1462.; Hao, B., Gong, W., Ferguson, T. K., James, C. M., Krzycki, J. A., and Chan, M. K., 2002, UAG-encoded Residue in the Structure of a Methanogen Methyltransferase, Science, 296, 1462-1466.; Atkins, J. F., and Gesteland, R., 2002, The 22nd amino acid. Science, 296, 1409-1410.
(15) Kobayashi, K., et al., 2001, Characterization of Complex Organic Compounds Formed by Irradiation of Simple Gas Mixtures. Anal. Sci., 17, Suppl. I1635-1638.
(16) Oparin, A. I., 1957, The Origin of Life on Earth, Edinburg, Oliver and Boyd.
(17) Kruger, K., Grabowski, P. J., Zauga. J., Sands, J., Gottschling, D. E., and Cech, T. R., 1982, Cell, 31, 147-157.; Guerrier-Takada, C., Gardiner, K., Marsh, T., Pace, N., and Altman, S., 1983, The moiety of ribonuclease P is catalytic subunit of the en-

zyme, Cell, 35, 849-857.
(18) 清水幹夫、1989、RNAのアミノ酸認識仮説、日経サイエンス、別冊95.
(19) 藤原昇、池原健二、磯辺ゆう、2004、自然学――自然の共生循環を考える――東海大学出版会.
(20) Ikehara, K., Amada, F., Yoshida, S., Mikata, Y., and Tanaka, A., 1996, A Possible Origin of Newly-born Bacterial Genes: Significance of GC-rich nonstop frame on antisense strand. Nucl. Acid Res., 24, 4249-4255.

# あとがき

私は昭和三十九年四月に京都大学工学部工業化学科に入学した。その学生時代、高校以来の二人の親友と大学の近くの下宿でビールを飲みながら人生や社会を語り合った。多様で見事な性質を持っているこの地球上の生物が生きている仕組みなどを少しでも科学的に理解できればと思うようになったのは、この二人との会話の中からであった。そのこともあって卒業研究を実施するために研究室を選ぶ頃になったとき、「生物物理」を志したいとの研究室紹介にひかれ、化学研究所の倉田研究室（倉田道夫教授）を志望した。倉田研究室は合成高分子の研究、特に希薄溶液についての研究を理論的にも実験的にも世界的レベルで進めている活発な研究室であった。そこの助手として勤めておられた内山敬康先生の下で、生体高分子の一種であるコラーゲンの粘度測定に関する実験を行ったことが、私の研究生活のスタートであった。倉田研究室で学び、研究を続けていたこの期間に、高分子物理学の基本的な考え方に接することができ、これが後の私の物事を考える際の基礎となったのである。その後、私自身の希望もあって繊維状ファージfdの再構成に関する研究にテーマが移った。そのようなこともあって、また非常に幸運なことであったが、世界の中でも先端を走る分子生物学の研究拠点の一つであった化学研究所高浪研究室（高浪満教授）に、修士二回生の後半から研究場所を移させていただいたのである。

高浪研究室では分子生物学の知識と実験の進め方について高浪先生をはじめとするスタッフの方々から直接、学ぶことができた。私がその後の生命科学に関する研究を進める際の基礎となったのは、この時の指導のおかげである。その後、東京大学理学部生物化学教室での助手生活を経て、まだ三三歳であったが、奈良女子大学理学部化学科の菅江研究室（菅江謹一教授）の助教授として着任した。奈良女子大学でも自由な雰囲気の中で枯草菌の胞子形成に関する研究を続けさせてもらうことができたが、心の隅にずっと思い続けていたことは、京都の下宿で二人の親友と共に語り合いながら考えていた生命の基本的な成り立ちや仕組みについてであった。

「遺伝子はどのようにして形成され、現在の姿に至っているのか」「タンパク質はどうして二〇種の、それもそれぞれが特異な構造を持つアミノ酸から構成されているのか」。教授に昇任し、独自のテーマで研究を始められる時期になると、学生時代からずっと思っていたこうした疑問を解決してみたいとの思いが強くなった。ちょうどその頃、コンピューターの発達が急速に進み、また一方で、細菌ゲノムの全塩基配列の決定がなされた。これも私にとっては大変幸運だった。私自身、倉田研という高分子物理学の研究室から研究生活を始めたこともあって、コンピューターのプログラムを作成することに苦はなかった。下手なプログラムではあったが、C言語で自作のプログラムを書き、今から思うと速度が遅く記憶容量の小さな、レベルの低いパソコンを使って、しかも時には、遺伝子やタンパク質のデータを手で数えたり、電卓で計算したりしながら細菌遺伝子やタンパク質の研究を始めた。また、プログラム作成を始めた頃、奈良女子大学の理学部情報科学科の加古富志雄教授に指導を仰ぐことができたのも幸運の一つであった。

しかし、私にとって何よりも幸運だったのは、研究自体の将来がすぐには見えそうもない研究テーマの下で、何人もの学生さんが努力を重ね協力してくれたことであった。このような多くの幸運に恵まれた中で、本書で紹介したように、遺伝子の起源から、遺伝暗号の起源、タンパク質の起源を経て、生命の起源に関するいくつかの仮説を提案することができたのである。

ただ、私自身は最初から何かの起源について研究しようと思ったのではなく、あくまで遺伝子の塩基配列やタンパク質のアミノ酸配列などそれらが持つ基本的な問題を解決するための研究を進めてきたのである。その中で、それらの基本的な問題に取り組めば取り組むほど、それらの起源を考えざるを得なかったというのが実際のところである。

「Ｗｈｙを問うな。Ｈｏｗを問え」との言葉もある。何かの起源に関する問題には所詮遠い過去に起こったことなど証明できない、したがってそのような起源に関する研究に取り組むのは科学的態度で

湯川秀樹先生をはじめとする戦前の頃の理論的研究は，紙と鉛筆（上図）が主流だった．それが 21 世紀に入った頃には理論的研究の多くがコンピューター，それも，パーソナル・コンピューター（下図）で行える時代となってきた．

はないとの強い意見が存在するのも承知している。しかし、私には物事の基本的な問題を追究すればするほど、起源の問題に関与しなければならないとしたら、その時に及んで起源の問題を避けるような態度を取ることこそ問題ではないかと考えている。現在の社会の仕組みや人間のあり方を理解するために、様々な点で過去を調べる歴史の研究が重要となるのは明らかだ。また、過去に起こったことは証明できないという意見についても、私は次のように考えている。過去と現在は、なにがしかの点では間違いなく連続している。したがって、現在のデータを解析して過去の状態を推定すること、そして推定した過去の状況から妥当な仮定の範囲内でコンピューターなどを駆使し、シミュレートすることによって現在の姿を再現すること、そうした方法で起源の問題に迫ることは、十分可能なのではないだろうか、ということである。この書物は、こうして学生時代から思い続けてきた事柄について、いくつもの幸運に恵まれて、たどりついた仮説を中心に書いたものである。私たちが提案していることの仮説が今後どう発展するか、あるいは消え去っていくか、現時点では分からない。しかし、このような仮説にもとづいた生命の誕生のシナリオを共に考えることによって、若い人達が研究とはどうあるべきか、新しい考えが提出されると古い考えがどのように見えるかについて、良きにつけ悪しきにつけ経験する場として本書に接してもらい、自らが研究を進める上での参考としてもらえれば幸いである。

平成一六年四月から、国立大学はいわゆる法人化され、研究を含めた様々な業績について評価が進められようとしている。そのような時代になると、目先の成果や論文が気になり、大きなテーマでの挑戦的な研究はますます困難となりがちである。しかし、本来の研究はカーテンで閉じられてはいるが光に満ちた部屋の中（十分に物事の分かった世界）から、自らの力で閉ざされたカーテンを少しでも開き、外の暗闇を照らし出すこと（それまで誰も分かっていなかった事実を一つでも明らかにすること）であろう。言い換えれば、これまで誰にも気づかれていなかったような考えや実験結果を提出することによって、世界観を変えることが科学の目的のように思われてならない。本書を一つのきっかけとして、暗闇の中に新たな光を当てるような研究を目指す若い学徒が一人でも多く増えることを切に願っている。研究の本当の面白さや醍醐味はそこにこそあるのだから。

本書が出来上がるにあたって以下に記載する色々な方々にお世話になったことにまず感謝したい。私を研究者の道へと導いて下さった京都大学化学研究所時代の三名の恩師の方々、倉田道夫先生（故人）、内山敬康先生、高浪満先生、奈良女子大学で自由な雰囲気の中で研究することを許していただいた、岡田吉美先生、菅江謹一先生、今永勇二郎先生、久留島凉子先生、本書に記載した研究がまだどのようになるのか私にもあまり見通しがたたないころから、私の研究を見守り励ましていただいた奈良女子大学理学部生物科学科の田中彰先生（故人）、高木由臣先生、清水晃先生、大石正先生、岡山大学臨海実験所の白井浩子先生そして京都大学原子炉実験所の藤井紀子先生などの先生方である。

また、この研究を進めるに際しても何人かの先生方のお世話になった。この研究を始めた頃にコンピューターのプログラム作成にあたってお世話になった奈良女子大学情報科学科の加古富志雄先生、コンピューターの使用にあたって指導していただいた奈良女子大学理学部化学科の榮永義之先生である。そして、何よりも有難く感謝したいのは、私の指導の下でひたむきに遺伝子やタンパク質のデータを用いたコンピューター解析という作業や［GADV］-タンパク質の合成とその性質を調べるという作業を行ってくれた奈良女子大学理学部化学科の私の研究室の学部や修士課程の学生の皆さんの努力に対してである。最後に、本書の執筆を勧めていただいた上に、全体の構成から文章の修正に至るまで大変お世話になった京都大学学術出版会の鈴木哲也編集長に心より謝意を表する次第である。

# 索　引

## 池原　健二（いけはら　けんじ）

奈良女子大学・理学部・化学科・機能化学講座教授．京都大学工学博士．

1944年生まれ．京都大学工学部工業化学科卒業．京都大学工学研究科工業化学専攻修士課程修了．京都大学工学研究科工業化学専攻博士課程中途退学．東京大学理学部生物化学教室助手．奈良女子大学理学部化学科助教授を経て現職．その間，アメリカ国立衛生研究所（NIH）に10ヶ月間在籍．


**【主な著書】**

「自然学──自然の「共生循環」を考える」（共著，東海大学出版会，2004年）．「もっと化学を楽しくする5分間」（共編，化学同人，2003年）．「新版──化学を楽しくする5分間」（共編，化学同人，1986年）

GADV仮説 生命起源を問い直す 学術選書 010

2006年4月10日 初版発行

著　　者…………池原　健二
発 行 人…………本山　美彦
発 行 所…………京都大学学術出版会
京都市左京区吉田河原町 15-9
京大会館内（〒606-8305）
電話（075）761-6182
FAX（075）761-6190
振替 01000-8-64677
HomePage http://www.kyoto-up.gr.jp

印刷・製本…………㈱クイックス東京
装　　幀…………鷺草デザイン事務所

ISBN 4-87698-810-2
定価はカバーに表示してあります